VVER-1000 蒸汽发生器结构与维修

主 编 黄 潜

副主编 张福海 屈凡玉

中国原子能出版社

图书在版编目(CIP)数据

VVER-1000 蒸汽发生器结构与维修 / 黄潜主编 .
—北京:中国原子能出版社,2013.11
ISBN 978-7-5022-5950-1

Ⅰ. ①V… Ⅱ. ①黄… Ⅲ. ①压水型堆-核电站-机组-蒸汽发生器-结构②压水型堆-核电站-机组-蒸汽发生器-维修 Ⅳ. ①TM623.91

中国版本图书馆 CIP 数据核字(2013)第 143367 号

内容简介

《VVER-1000 蒸汽发生器结构与维修》主要介绍 VVER-1000 压水堆核电机组 ПГВ-1000М 型蒸汽发生器的基础知识,内容包括:蒸汽发生器的基本结构及参数、维修专用工器具的结构及使用、解体大修工艺流程及历史缺陷分析。

本教材可以作为从事 VVER-1000 压水堆核电机组维修人员的培训教材,也可供从事压水堆核电站工作的相关技术人员和承包商参考阅读。

VVER-1000 蒸汽发生器结构与维修

出版发行	中国原子能出版社(北京市海淀区阜成路 43 号 100048)
责任编辑	杨树录 侯茸方
装帧设计	赵 杰
责任校对	冯莲凤
技术编辑	丁怀兰
印 刷	保定市中画美凯印刷有限公司
经 销	全国新华书店
开 本	787mm×1092mm 1/16
印 张	8.75
字 数	217 千字
版 次	2013 年 11 月第 1 版 2013 年 11 月第 1 次印刷
书 号	ISBN 978-7-5022-5950-1 **定 价 45.00 元**

网址:http://www.aep.com.cn **E-mail:atomep123@126.com**
发行电话:010-68452845

中国核工业集团公司
核电培训教材编审委员会

总　序

核工业作为国家高科技战略性产业，是国家安全的重要基石、重要的清洁能源供应，以及综合国力和大国地位的重要标志。

1978 年以来，我国核工业第二次创业。中国核工业集团公司走出了一条以我为主发展民族核电的成功道路。在长期的核电设计、建造、运行和管理过程中，积累了丰富的实践和理论经验，在与国际同行合作过程中，实现了技术和管理与国际先进水平相接轨，取得了骄人的业绩。

中国核工业集团公司在三十多年的核电建设中，经历了起步、小批量建设、快速发展三个阶段。我国先后建成了秦山、大亚湾、田湾三大核电基地，实现了我国大陆核电“零”的突破、国产化的重大跨越、核电管理与国际接轨，走出了一条以我为主，发展民族核电的成功之路。在最近几年中，发展尤为迅猛。截至 2008 年底，核电运行机组 11 台，装机容量 907.82 万千瓦，全部稳定运行，态势良好。

进入新世纪，党中央、国务院和中央军委对核工业发展高度重视、极为关怀，对核工业做出了新的战略决策。胡锦涛总书记指出：“无论从促进经济社会发展看，还是从保障国家安全看，我们都必须切实把我国核事业发展好。”发展核电是优化能源结构、保障能源安全、满足经济社会发展需求的重要途径。2007 年 10 月，国务院正式颁布了《核电中长期发展规划（2005—2020 年）》。核电进入了快速、规模化、跨越式发展的新阶段。

在中国核电大发展之际，中国核工业集团公司继续以“核安全是核工业的生命线”的核安全文化理念和“透明、坦诚和开放”的企业管理心态，以推动核电又好又快又安全发展为己任，为加速培养核电发展所需的各类人才，组织核电领域专家，全面系统地对核电设计、工程建造、电站调试、生产准备和生产运营等各阶段的知识进行了梳理，构造了有逻辑性、系统性的核电知识体系，形成了覆盖核电各阶段的核电工程培训系列教材。

这套教材作为培养核电人才的重要工具，是国内目前第一套专业化、体系化、公开出版的核电人才培养系列教材，有助于开展培训工作，提高培训质量、节约培训成本，夯实核电发展基础。它集中了全集团的优势，突出高起点、实用性强，是集团化、专业化运作的又一次实践，是中国核工业50余年知识管理的积淀，是中国核工业10万人多年总结和实践经验的结晶。

21世纪是“以人为本”的知识经济时代，拥有足够的优秀人才是企业持续发展的重要基础。中国核工业集团公司愿以这套教材为核电发展开路，为业界理论探讨、实践交流提供参考。

我们要继续以科学发展观为指导，认真贯彻落实党中央、国务院的指示精神，积极推进核电产业发展。特别是要把总结核电建设经验作为一项长期的工作来抓，不断更新和完善人才教育培训体系。

核电培训系列教材可广泛用于核电厂人员培训，也可用于核电管理者的学习工具书，对于有针对性地解决核电厂生产实践和管理问题具有重要的参考价值。

中国核工业集团公司总经理 孙勤

2009年9月9日

前　言

随着中国核电的快速发展，核电人才的需求也日益增长。为了配合中国核工业集团公司系统化、正规化的全员培训工作，提高培训质量，提高员工的核安全文化意识；为中核集团的发展夯实基础，江苏核电有限公司培训中心按照中核集团核电培训教材编审委员会的要求，组织公司内有丰富理论知识和实践经验的专业技术人员共同编写了《VVER-1000蒸汽发生器结构与维修》培训教材。

本教材参考了ПГВ-1000М型蒸汽发生器的结构图纸、运行维修手册、专用工具使用手册及维修操作程序等专业资料，同时结合现场经验反馈报告和质量缺陷报告的相关内容，本着理论联系生产实际的原则，采用图文并茂的形式介绍了ПГВ-1000М型蒸汽发生器的结构及维修相关知识，是一份适用性、针对性较强的技术培训材料，适用于核电厂维修人员理论培训，亦可作为压水堆核电站其他工程技术人员及承包商的参考资料。

《VVER-1000蒸汽发生器结构与维修》培训教材由任苹编写，严巍峰、尚衍智审。

本教材的编写得到了江苏核电有限公司总经理部、维修处、培训中心的大力支持，在此谨一并表示诚挚的谢意。

本教材疏漏或不妥之处在所难免，敬请读者批评和指正。

江苏核电有限公司

2012年8月

目　　录

第一章　ПГВ-1000М 型蒸汽发生器结构

第二章　ПГВ-1000М 型蒸汽发生器维修专用工具

第四章 ПГВ-1000М 型蒸汽发生器缺陷案例分析

第一章　ПГВ-1000M 型蒸汽发生器结构

1.1　ПГВ-1000M 型蒸汽发生器总体介绍

1.1.1　蒸汽发生器基本功能和工作原理

田湾核电站一个机组有 4 台 ПГВ-1000M 型卧式蒸汽发生器（JEA10，20，30，40AC001）。作为一回路的主要设备，其主要用途是：

1）用于将一回路冷却剂的热量传递给二回路的给水，将给水加热至沸腾，经过汽水分离后产生驱动汽轮发电机的干饱和蒸汽。

2）作为一回路压力边界的一部分，用于承受一回路冷却剂的压力，并与一回路其他压力边界共同构成防止堆芯放射性裂变产物向二回路或安全壳内释放的屏障。

3）在预期运行事件工况、设计基准事故工况下以及过渡工况下蒸汽发生器保证反应堆装置的可靠冷却。

工作原理：反应堆出口的一回路“热”冷却剂沿着直径为 850 mm 主循环管道的“热”管段进入蒸汽发生器的一回路冷却剂入口集流管，经过集流管中部管板上传热管孔进入 10 978 根 U 形传热管内。传热管外是蒸汽发生器二次侧给水，冷却剂将热量传给给水后即被冷却，然后进入蒸汽发生器的一回路冷却剂出口集流管，又沿直径为 850 mm 主循环管道的“冷”管段进入冷却剂泵。蒸汽发生器的主给水是沿直径为 400 mm 的管道进入蒸汽发生器的主给水分配装置，再经每个分配管上的小孔进入到传热管束外侧。由于一回路冷却剂入口集流管中冷却剂温度相对较高，其附近产生的蒸汽量大；而一回路冷却剂出口集管中冷却剂温度相对较低，其附近产生的蒸汽量小。为了平衡蒸汽负荷，在入口集管周围布置有 10 个主给水分配管，在出口集管周围布置有 5 个分配管，这样使得蒸汽发生器“热端”的给水量大于“冷端”的给水量。因此，在蒸汽发生器中的给水存在自“热端”向“冷端”的自循环，这将蒸汽发生器热端聚集的盐分和杂质带到冷端，在冷端形成“盐室”。为了防止蒸汽发生器冷端的传热管遭受腐蚀，因此对冷端“盐室”的给水实施连续排污，而对于蒸汽发生器其他部分(壳段底部)实施定期排污。一回路冷却剂将蒸汽发生器中的给水加热至沸腾，产生的湿蒸汽首先经过水下均汽板，由于水下均汽板平衡了冷/热端的蒸汽负荷，同时减缓了蒸汽速度，因此减少了蒸汽带出的水分。随后蒸汽进入蒸汽空间(高度为 1 200 mm)，在这里蒸汽中水分依靠自身重量实现汽水分离，这也是蒸汽发生器中最主要的汽水分离方式。分离出的蒸汽穿越上部蒸汽孔板，进一步被干燥，使蒸汽湿度小于 0.2%，最后符合要求的干蒸汽沿蒸汽母管线进入汽轮机。田湾核电站蒸汽发生器在厂房内布置及与一回路主设备连接示意图见图 1-1-1、图 1-1-2。

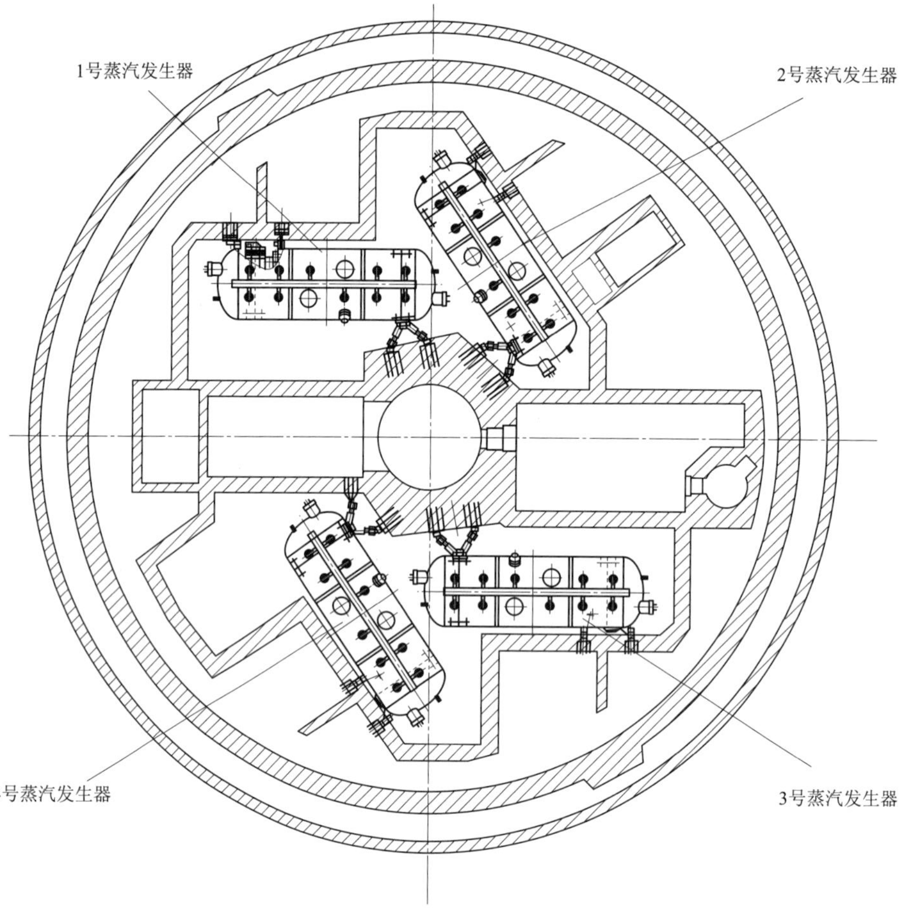

图 1-1-1 蒸汽发生器在厂房内的布置

1.1.2 蒸汽发生器组装件和部件分组

ПГВ-1000М 型带支座的蒸汽发生器属于 A 组，1H 级，抗震 1 类(见表 1-1-1)。

表 1-1-1 组件和部件分级

蒸汽发生器组装件和部件名称	设备分组	设备分级	抗震类别
1 蒸汽发生器壳体	A[1)]	1H[2)]	1
2 一回路冷却剂集流管	A	1H	
3 传热管	B[1)]	2H	
4 平衡罐	B	2HУ[3,4)]	
5 蒸汽集汽管	B	2H	
6 紧固件	不评定[5)]	2H	

注：1) A,B——设备分组表征对核电站安全性影响的程度。

2) H——核电站正常运行部件。

3) У——核电站安全系统控制部件。

4) 核动力装置设计范围内的平衡容器附件的安全级别，按照使用确定：

2 级——安全系统控制部件；

3 级——控制和监测系统部件。

5) 紧固件广泛作为 B 组设备。

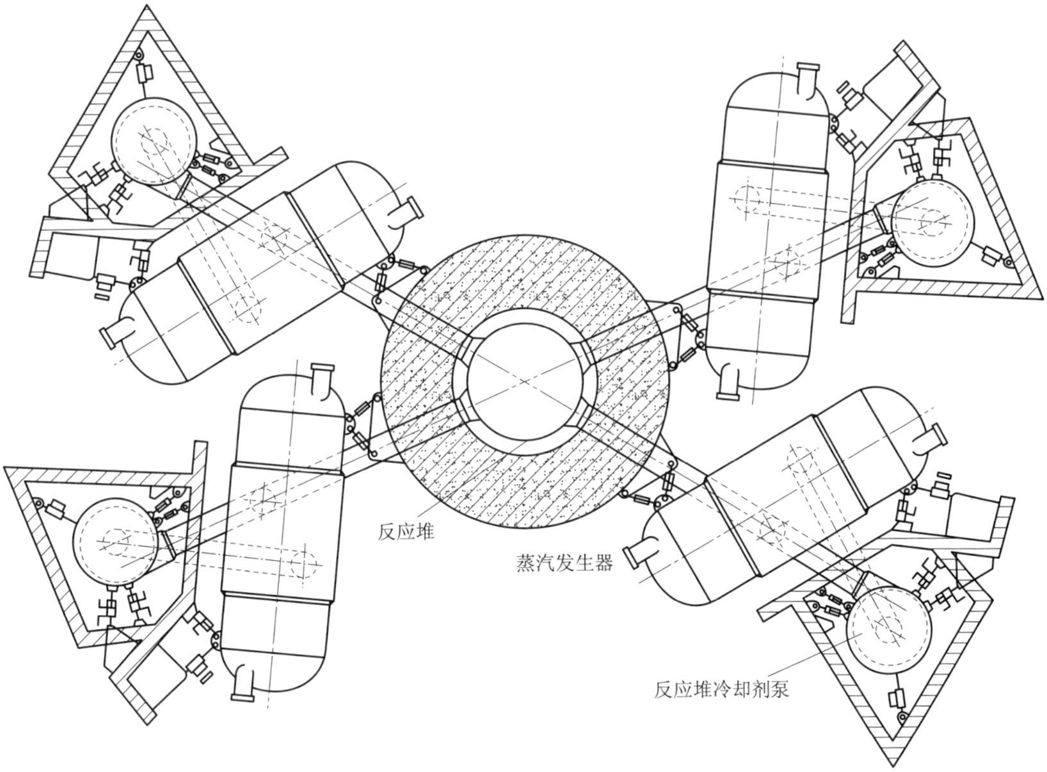

图 1-1-2　蒸汽发生器与一回路主设备的连接

1.1.3　蒸汽发生器制造要求

——《核电站安全保证总则(ОПБ—88/97)；

——《核电站反应堆装置核安全规则 ПБЯ РУ АС—89》；

——《核动力装置设备和管道建造和安全运行规则》；

——《动力装置设备和管道强度计算标准》；

——《动力装置设备和管道焊接和堆焊　基本条例》；

——《动力装置设备和管道焊接和堆焊　监测规则》；

——《核电站抗震设计标准》；

——蒸汽发生器制造企业必须有俄罗斯国家监督机构颁发的核电站设备制造权证书。

1.1.4　蒸汽发生器的主要技术参数

详见表 1-1-2。

表 1-1-2　蒸汽发生器 ПГВ-1000М 主要技术参数

序号	参 数 名 称	数 值	单 位
1	热功率	753	MW
2	蒸汽产量	1 470+100	m^3/h
3	换热管数目	10 978	根

续表

序号	参数名称		数值	单位
4	蒸汽发生器中新蒸汽压力		6.37	MPa
5	在蒸汽发生器出口处的蒸汽压力		6.28±0.10	MPa
6	在蒸汽发生器中所产生的蒸汽温度		278.5±1.0	℃
7	在蒸汽发生器入口处一回路冷却剂温度		321±5	℃
8	在蒸汽发生器出口处一回路冷却剂温度		291^{+2}_{-5}	℃
9	在蒸汽发生器入口处一回路冷却剂压力		15.7±0.3	MPa
10	给水温度		220±5	℃
11	在没有投入高压加热器时给水温度		164±4	℃
12	在蒸汽发生器出口处的湿度，不超过		0.20	%
13	一回路冷却剂流经蒸汽发生器的流量	4个环路运行	$21\ 500^{+1000}_{-1200}$	m^3/h
		部分环路运行	26 000	m^3/h
14	蒸汽发生器中的正常液位		2 400±50	mm
15	连续排污流量		≤15	m^3/h
16	定期排污流量		≤45	m^3/h
17	一次侧设计压力		17.64	MPa
18	二次侧设计压力		7.84	MPa
19	一次侧设计温度		350	℃
20	二次侧设计温度		300	℃
21	事故给水泵供给的给水温度		5～40	℃
22	事故给水泵供给的给水流量		≤150	m^3/h
23	蒸汽发生器一次侧水阻(冷却剂流量为21 500 m^3/h)		≤0.13	MPa
24	蒸汽发生器二次侧水阻(额定流量)		≤0.11	MPa
25	蒸汽发生器壳体长度		13 840	mm
26	蒸汽发生器壳体内径		4 000	mm
27	蒸汽发生器壁厚	中间部分	145	mm
		端部	105	
		封头	120	
28	蒸汽发生器强度水压试验压力	一次侧	24.5 (19.6)	MPa
		二次侧	10.8 (8.64)	
29	蒸汽发生器密封性水压试验压力	一次侧	17.64	MPa
		二次侧	7.84	
30	蒸汽发生器水压试验温度	一次侧	85～130	℃
		二次侧	85	
31	蒸汽发生水压试验延迟时间	一次侧	10～60	min
		二次侧	10	
32	一次/二次侧压力变化速度		0.98	MPa/ min
33	蒸汽发生器充注满时二次侧水容积		125	m^3

1.2 ПГВ-1000М 型蒸汽发生器的组成

1.2.1 带支承件的蒸汽发生器的组成

1）蒸汽发生器本体；

2）蒸汽母管；

3）支承装置；

4）液压阻尼器；

5）单腔和双腔波动箱。

蒸汽发生器与一回路主循环管道、给水管线和蒸汽管线相连接，放置在 2 个滚动支承装置上，并且由 4 个液压阻尼器和固定部件固定，如图 1-2-1 所示。

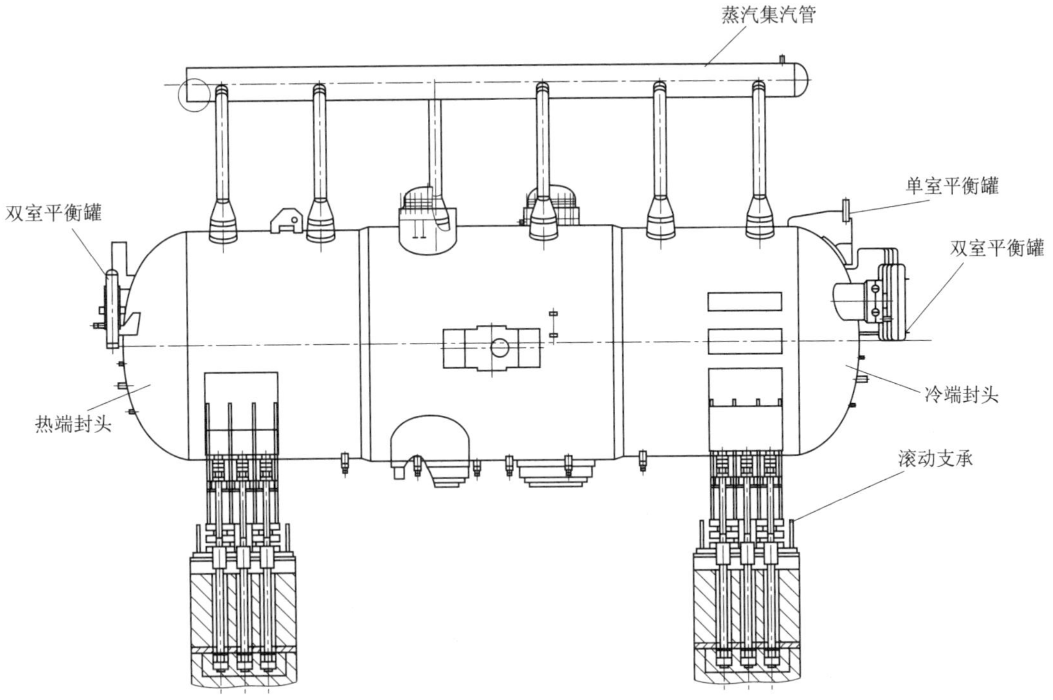

图 1-2-1 蒸汽发生器的组成

1.2.2 蒸汽发生器内部构件的组成

1）换热表面(传热管)；

2）一回路冷却剂集流管；

3）主给水分配装置；

4）应急给水分配装置；

5）上部蒸汽孔板；

6）水下均汽板；

7）化学试剂分配装置。

蒸汽发生器的内部结构及侧视图见图 1-2-2 及图 1-2-3。

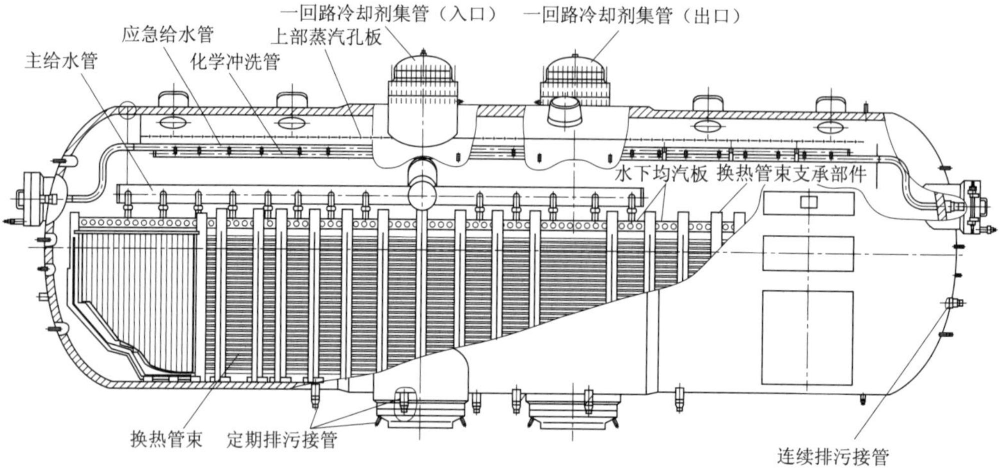

图 1-2-2 蒸汽发生器内部结构

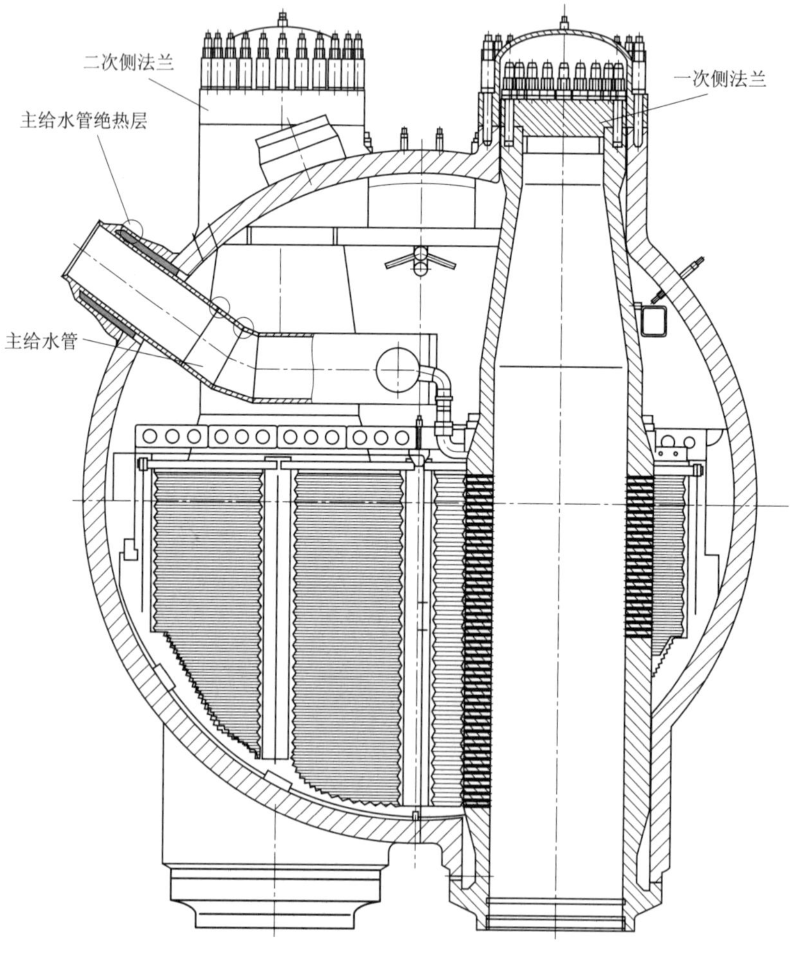

图 1-2-3 蒸汽发生器侧视图

1.3　ПГВ-1000M 型蒸汽发生器的主要部件

1.3.1　蒸汽发生器壳体容器

蒸汽发生器壳体容器是蒸汽发生器的组成部分，用于安置一回路冷却剂集流管及与其相连的换热表面，同时还用于安置内部构件。蒸汽发生器壳体容器长度为 13 850 mm，内径为 4 000 mm。壳体容器由锻造的壳体、冲压成形的椭圆形底封头和锻造的接管焊接而成。筒节、壳体冲压椭圆封头、二回路人孔盖板、400 mm 以上直径的人孔平盖，由 10ГН2МФА 牌号的合金结构钢制造。直径 200 mm 以下的接管和管嘴，由 22K 和 22K-ВД 牌号的优质碳钢制造。应急给水和化学溶液冲洗的接管，由奥氏体级牌号 08X18H10T 的铬镍不锈钢制造。与一回路冷却剂入口集流管同侧的封头为“热”封头（也称热端，见图 1-3-1），与一回路冷却剂出口集流管同侧的封头为“冷”封头（也称冷端，见图 1-3-2）。

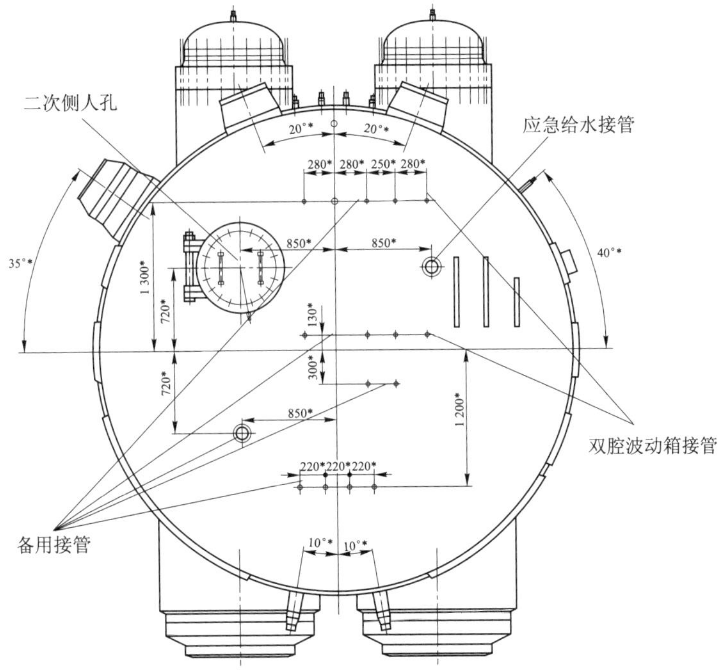

图 1-3-1　蒸汽发生器热封头①

1.3.1.1　容器壳体段

在容器壳体段上布置有：

1）2 个蒸汽发生器二次侧法兰——DN800 mm；

2）10 个蒸汽排出接管——DN200 mm；

3）1 个主给水接管——DN400 mm；

① 图 1-3-1 中数值后面的 * 表示该尺寸为名义尺寸，实际值可能会和名义值有一定偏差。本书中其余图中出现的 * 均为此义。

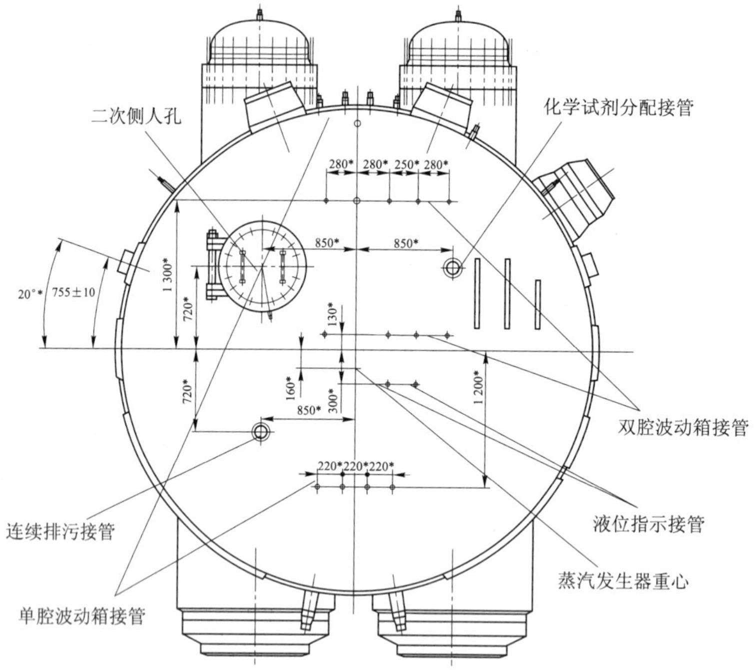

图 1-3-2 蒸汽发生器冷封头

4）6 个定期排污接管——DN80 mm；

5）2 个一回路冷却剂集管的接管——DN1 200 mm；

6）2 个一次侧排气接管——DN13 mm；

7）2 个二次侧排气接管——DN20 mm；

8）2 个液位指示器接管——DN20 mm；

9）2 个一次侧法兰密封性监测接管——DN10 mm；

10）2 个二次侧法兰密封性监测接管——DN10 mm；

11）4 个一回路冷却剂集流管“穴室”定期排污接管——DN20 mm。

1.3.1.2 “冷”封头

在“冷”封头上布置有：

1）1 个蒸汽发生器二次侧人孔——DN500 mm；

2）1 个二次侧法兰密封性监测接管——DN10 mm；

3）10 个用于安置单腔波动箱(5 个)的接管——DN20 mm；

4）8 个用于安置双腔波动箱(4 个)的接管——DN20 mm；

5）1 个 KUD 系统液位监测接管——DN20 mm；

6）1 个湿度监测接管——DN20 mm；

7）1 个冷端“盐室”连续排污接管——DN100 mm；

8）1 个化学药剂接管——DN100 mm。

1.3.1.3 “热”封头

在“热”封头上布置有：

1）1个蒸汽发生器二次侧人孔——DN500 mm；

2）1个二次侧法兰密封性监测接管——DN10 mm；

3）1个应急给水接管——DN100 mm；

4）1个备用接管——DN100 mm；

5）2个用于安置双腔波动箱（1个）的接管——DN20 mm；

6）12个备用接管——DN20 mm。

1.3.2 蒸汽发生器集流管

一回路冷却剂集流管是由10ГН2МФА-ш钢制成的厚壁圆柱体，内表面有防腐蚀的堆焊层。一回路冷却剂集流管的直径和壁厚随高度变化，集流管总高度为4 970 mm，最大壁厚为171 mm，最大直径为1 176 mm。一回路冷却剂集流管的下部通过连接环与蒸汽发生器容器壳段上的接管相焊接；集流管的上部处于自由状态，与容器壳体环向间距大于7 mm。在一回路冷却剂集流管中间部分有10 978个直径为16.25 mm的圆孔，各孔之间的纵向间距为38 mm（同列）和19 mm（错列），横向间距为30.8 mm（从集流管外向内）和21.82 mm（从集流管内向外），这些孔用于固定传热管末端。集流管上部有一个直径为500 mm的法兰接合面，用平盖进行密封。为了监测法兰接合面的密封性，每个集流管内部设置有1个一次侧法兰密封性监测管，该监测管沿集流管内表面布置，并穿过集流管壁面，最后引出蒸汽发生器壳体外。另外，在每个集流管内部还设置有1个一次侧排气管，这个排气管同样是沿集流管内表面布置，并穿过集流管壁面，最后引出蒸汽发生器壳体外。为了防腐蚀，在一回路冷却剂集流管内表面附有两层防腐堆焊层，第一层使用的材料为CB-07X25H13；第二层使用的材料为CB-04X20H10Г2Б。集流管整体结构及局部示意如图1-3-3～图1-3-14所示。

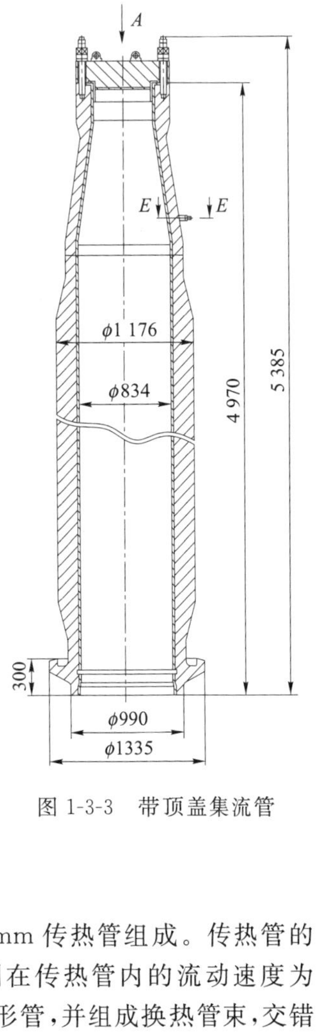

图1-3-3 带顶盖集流管

1.3.3 蒸汽发生器换热表面

蒸汽发生器的换热表面由10 978根规格为ϕ16 mm×1.5 mm传热管组成。传热管的平均长度为11.1 m，平均换热面积为6 115 m²，一回路冷却剂在传热管内的流动速度为4.21 m/s。传热管是用08X18H10T不锈钢材料制成的U形蛇形管，并组成换热管束，交错排列。纵向间距（错排高度）为19 mm，横向间距为23 mm（名义值）。蛇形传热管沿长度方向有支承部件定位。蛇形传热管与一回路冷却剂集流管的连接方式采用全深度液压胀管。传热管的端部与集流管的内表面采用焊接连接，焊接深度不小于1.4 mm。根据壁厚的不同，在靠近集流管的外表面处采用机械胀完全除去间隙。传热管沿高度方向有角钢固定，角钢下部焊接在蒸汽发生器壳体底部，角钢顶部由压板将其与其他角钢连接。采用这种定位方式允许传热管受热膨胀后有一定的位移。传热管沿长度方向有波纹板固定，即每层传热管与波纹板是依次重叠布置。蒸汽发生器传热管整体布置及局部示意如图1-3-15～图1-3-19所示。

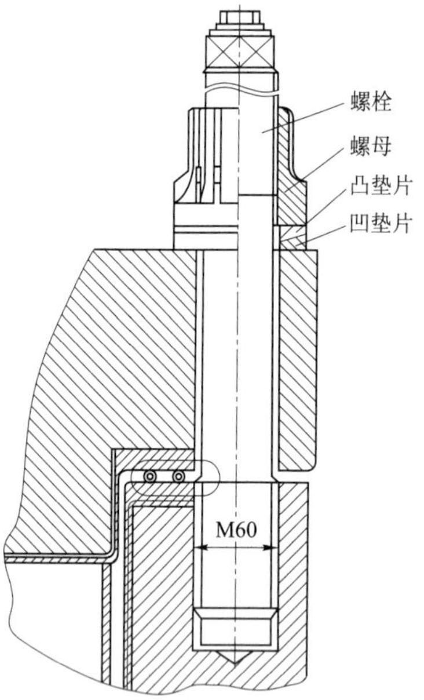

图 1-3-4 集流管顶部法兰紧固件装配示意图

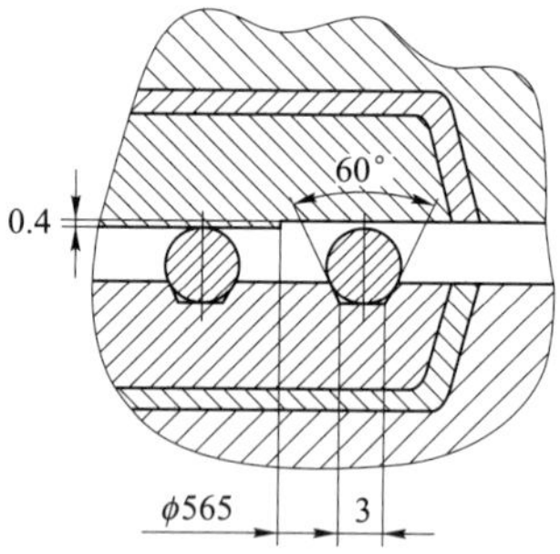

图 1-3-5 集流管法兰密封镍垫圈装配示意图

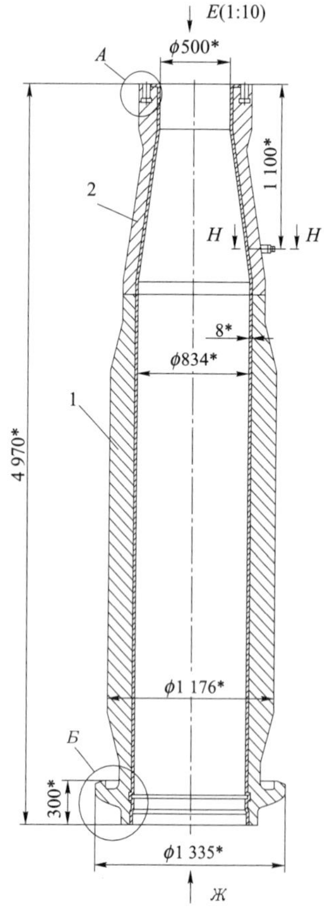

图 1-3-6 集流管结构示意图

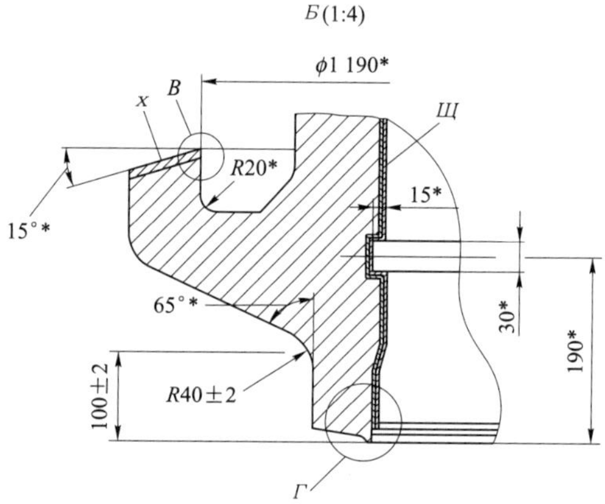

图 1-3-7 集流管底部堵板安装工艺凹槽示意图

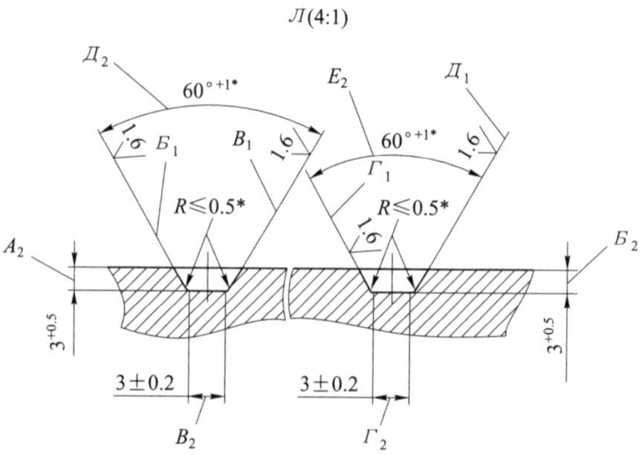

图 1-3-8 集流管法兰密封面凹槽示意图

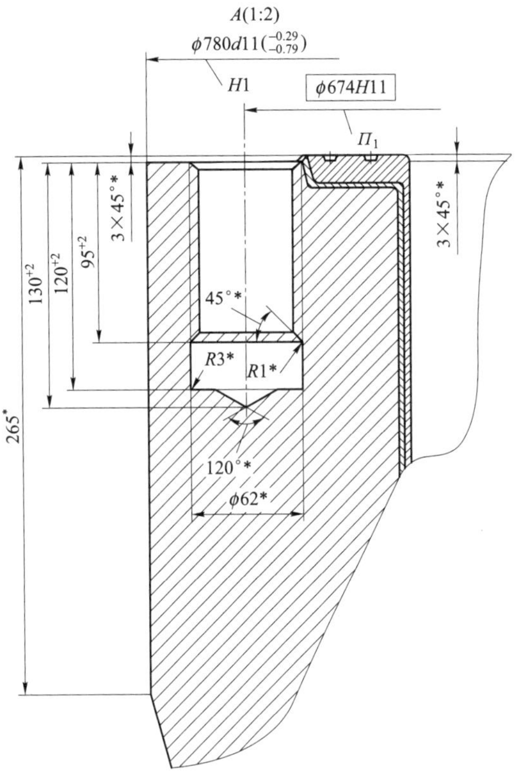

图 1-3-9　集流管法兰面螺栓孔及密封凹槽示意图

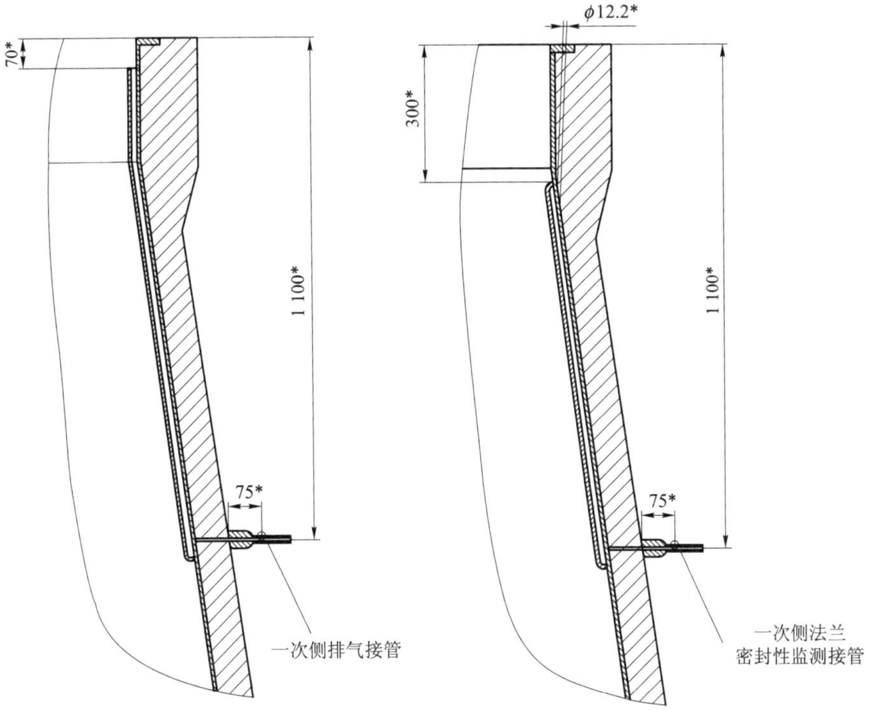

图 1-3-10　集流管内一次侧排气接管和一次侧法兰密封性监测接管示意图

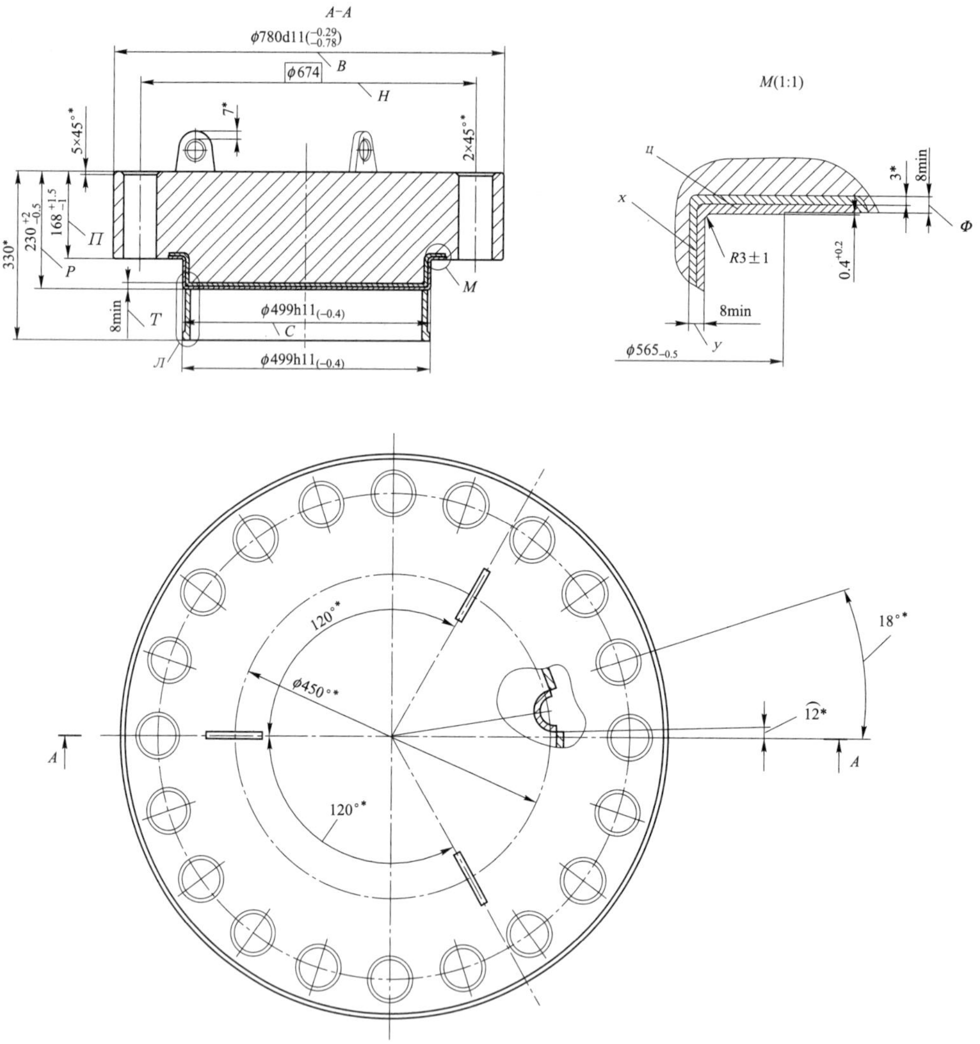

图 1-3-11　一次侧集流管顶盖及密封面凸台示意图

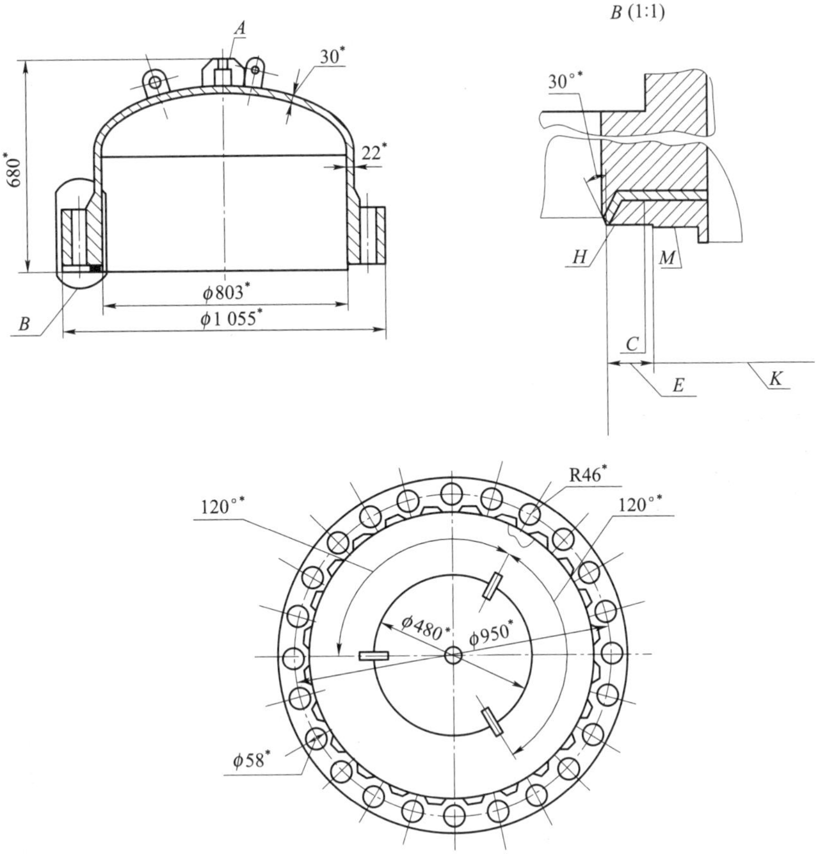

图 1-3-12　二次侧顶盖及密封面凸台

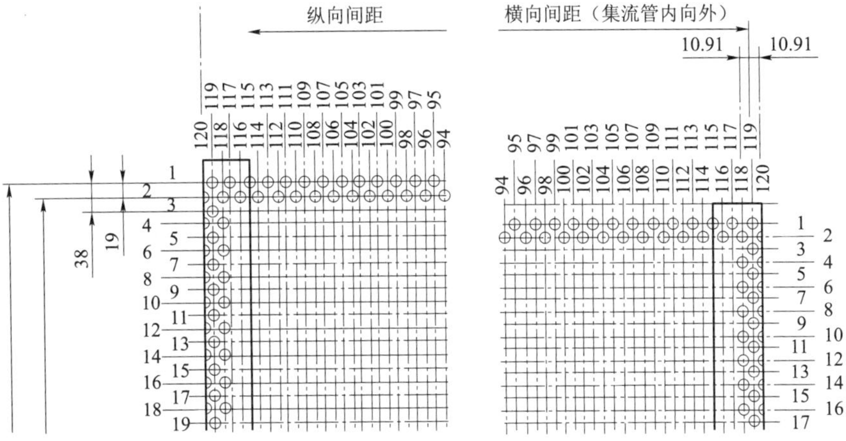

图 1-3-13　蒸汽发生器集流管内传热管孔间距

图 1-3-14 蒸汽发生器集流管内壁

图 1-3-15 蒸汽发生器内部传热管排列

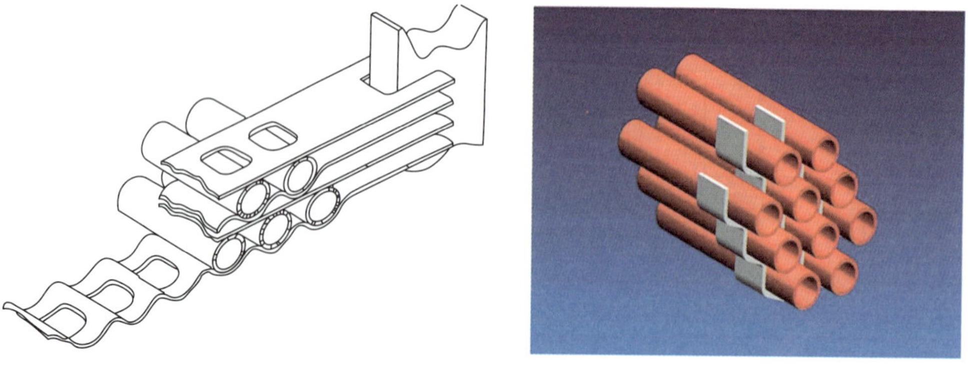

图 1-3-16 蒸汽发生器传热管的排列及波纹板

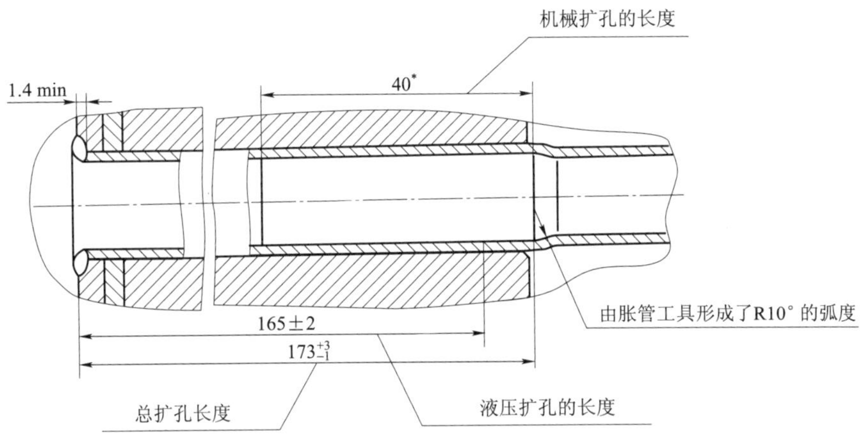

图 1-3-17 蒸汽发生器传热管和集流管管板的连接工艺

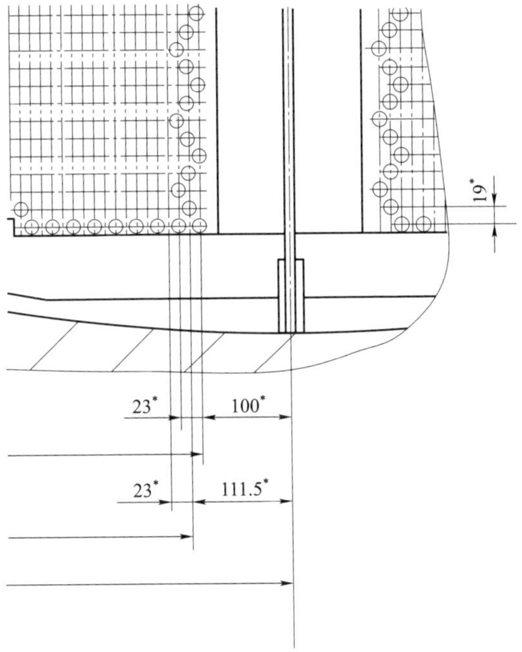

图 1-3-18 蒸汽发生器传热管布置局部尺寸示意图

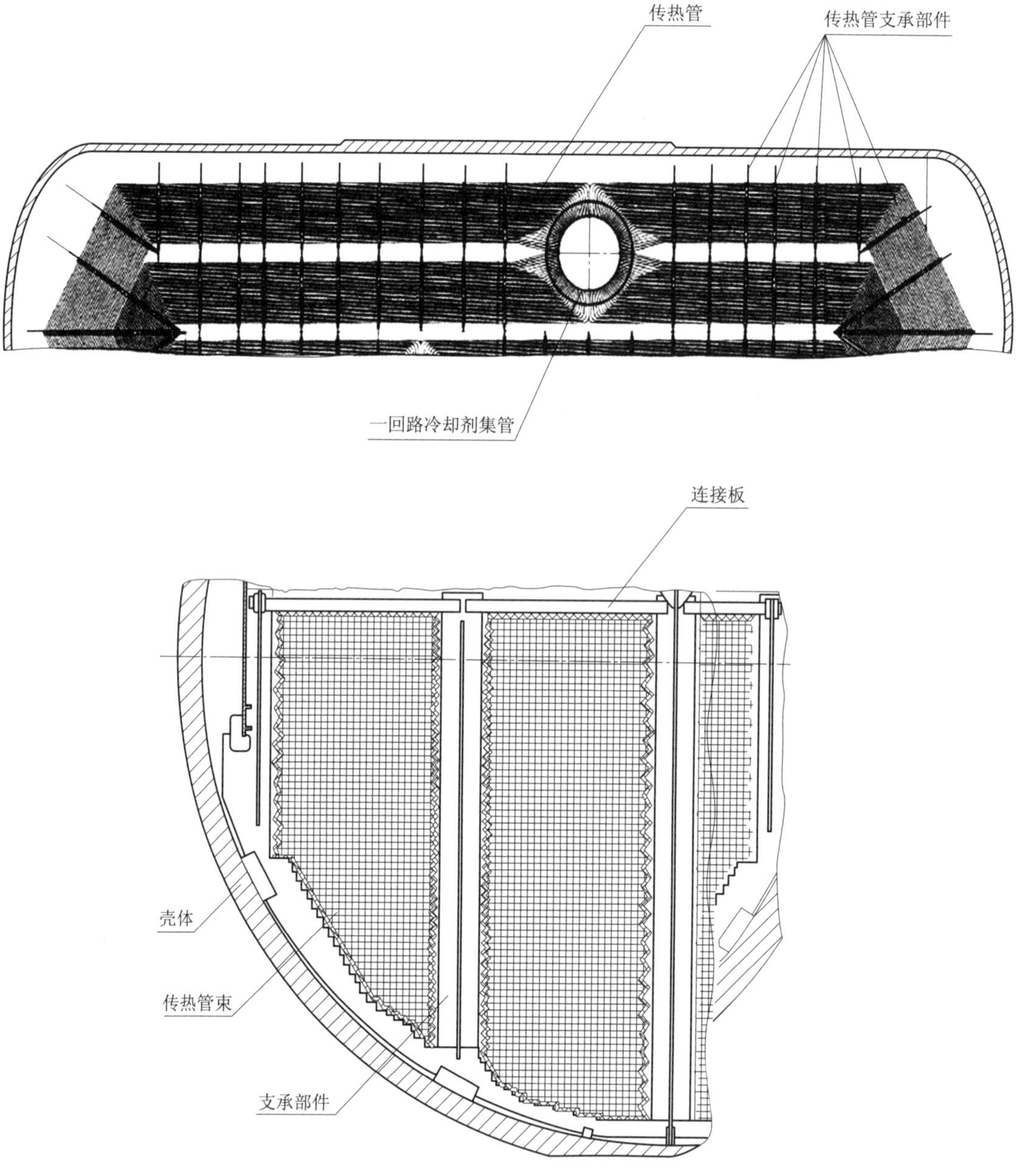

图 1-3-19 蒸汽发生器传热管整体布置及支承部件

1.3.4 蒸汽发生器主给水分配装置

主给水分配装置由 08X18H10T 不锈钢材料制成，位于换热表面上部。主给水分配装置由 1 个母管和 15 个分配管组成。主给水母管从蒸汽发生器的壳体侧面引入，并向蒸汽发生器冷、热端延伸。在母管上又分接有 15 个分配管，即冷端侧有 5 个，热端侧有 10 个。每个分配管都垂直向下，穿过水下均汽板后，又沿垂直于母管的水平方向延伸。主给水接管的中轴线与一回路冷却剂入口集管中轴线相对应。主给水分配装置的分布结构形式如

图 1-3-20～图 1-3-22 所示。

图 1-3-20　主给水分配装置在二次侧均汽板下的布置

图 1-3-21　主给水分配装置在二次侧均汽板上的布置

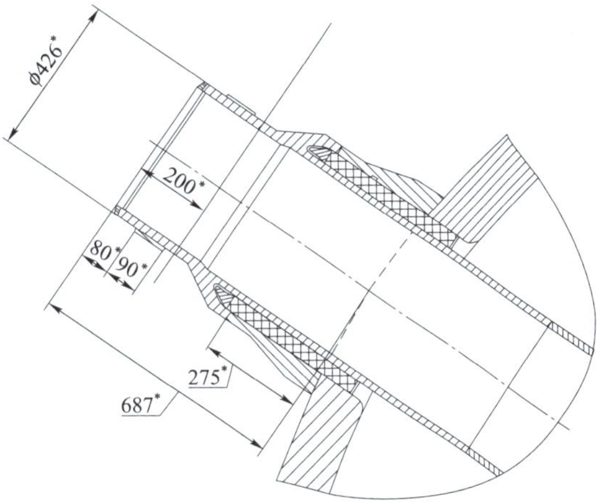

图 1-3-22　主给水管与蒸汽发生器壳体连接结构

1.3.5　蒸汽发生器应急给水分配装置和化学药剂供给装置

应急给水分配装置由 08X18H10T 不锈钢材料制成，位于蒸汽空间。应急给水分配装置由母管和分配管组成。应急给水的母管从蒸汽发生器的冷封头引入。母管长度为 11 030 mm，直径为 89 mm，壁厚是 4.5 mm。分配管是长度为 244 mm，直径为 30 mm 的管子，位于母管两侧，其中一侧有 18 个，另一侧有 19 个。分配管与母管成一定角度（为 20°±2°）。每个分配管沿长度开有 6 个孔，作为应急给水的出口。

化学药剂供给装置位于应急给水分配装置下方，用于蒸汽发生器的化学清洗。化学药剂供给装置从蒸汽发生器的热封头引入，并沿管道长度方向开有一些小孔，用于向蒸汽发生器内供给化学药剂。应急给水和化学药剂分配装置结构及布置如图 1-3-23 所示。

图 1-3-23 蒸汽发生器应急给水分配装置及化学药剂供给装置

1.3.6 蒸汽发生器上部均汽孔板和水下均汽板

上部均汽孔板位于应急给水分配装置上部，主要用于平衡蒸汽出口速度，同时将蒸汽中的部分水分分离出来，使蒸汽发生器出口新蒸汽的湿度达到规定的要求。上部均汽孔板的孔径均为 10 mm，坐标布置节距 40 mm×40 mm，分布在孔板的全部表面上，上部均汽孔板两侧与蒸汽发生器上部壳体焊接在一起，以避免蒸汽旁通蒸汽孔板。上部均汽孔板结构如图 1-3-24 及图 1-3-25 所示。

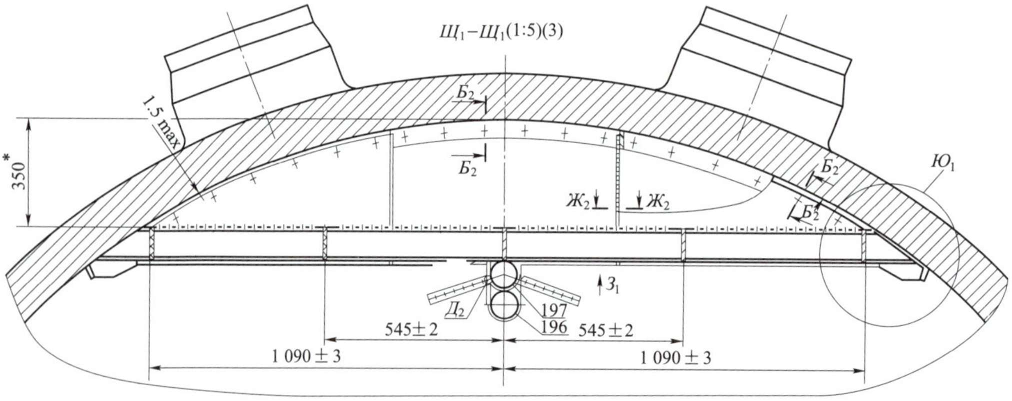

З1 (1:20)Ó

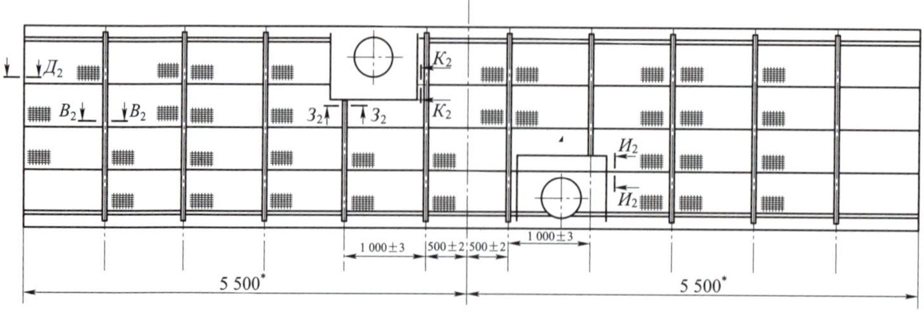

图 1-3-24 蒸汽发生器上部均汽孔板示意图

图 1-3-25　蒸汽发生器上部均汽孔板局部

由于一回路冷却剂入口集管附近产生的蒸汽量高于出口集管附近产生的蒸汽量，为了平衡蒸汽负荷，采用水下均汽板。同时，水下均汽板可减小蒸汽的速度，使蒸汽带出的水分也相应减少。水下均汽板位于换热表面上部，蒸汽发生器正常液位以下，由 96 个板块组合而成。水下均汽板由型钢（槽钢、工字钢）焊接的骨架和可更换的孔板组成。任何一块板的宽度不超过人孔直径，以便于安装和更换时拆卸。用螺栓将板固定在骨架上，板上的孔按照 35 mm×35 mm 坐标网格分布，孔径均为 13 mm。水下均汽板结构布置如图 1-3-26 及图 1-3-27 所示。

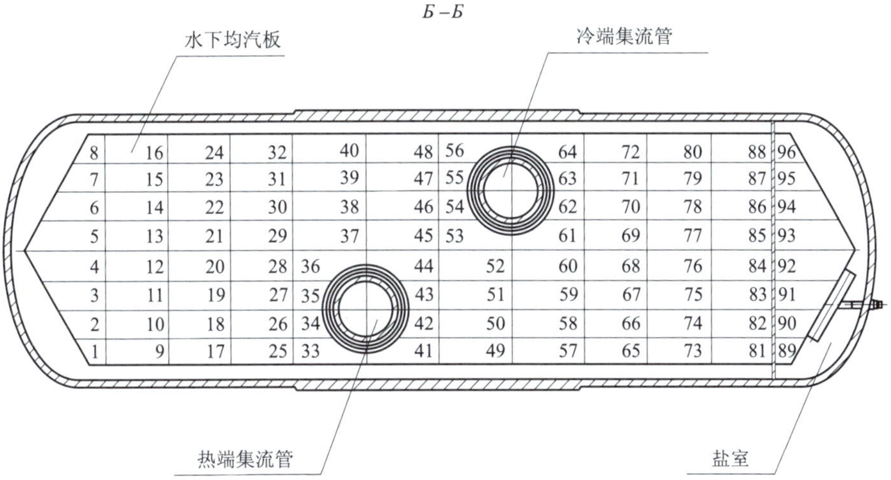

图 1-3-26　蒸汽发生器水下均汽板布置图

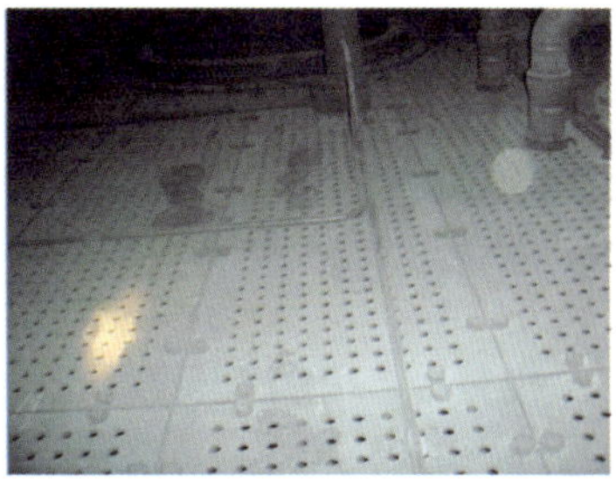

图 1-3-27　蒸汽发生器水下均汽板局部

1.3.7 蒸汽发生器蒸汽母管

蒸汽母管组件位于蒸汽发生器的上部，它由 1 根 ϕ630 mm×25 mm 蒸汽母管和 10 根蒸汽连接管(DN200)组成。蒸汽母管的材料为 16ΓC 钢，蒸汽连接管为 20 号钢。蒸汽母管结构见图 1-3-28。

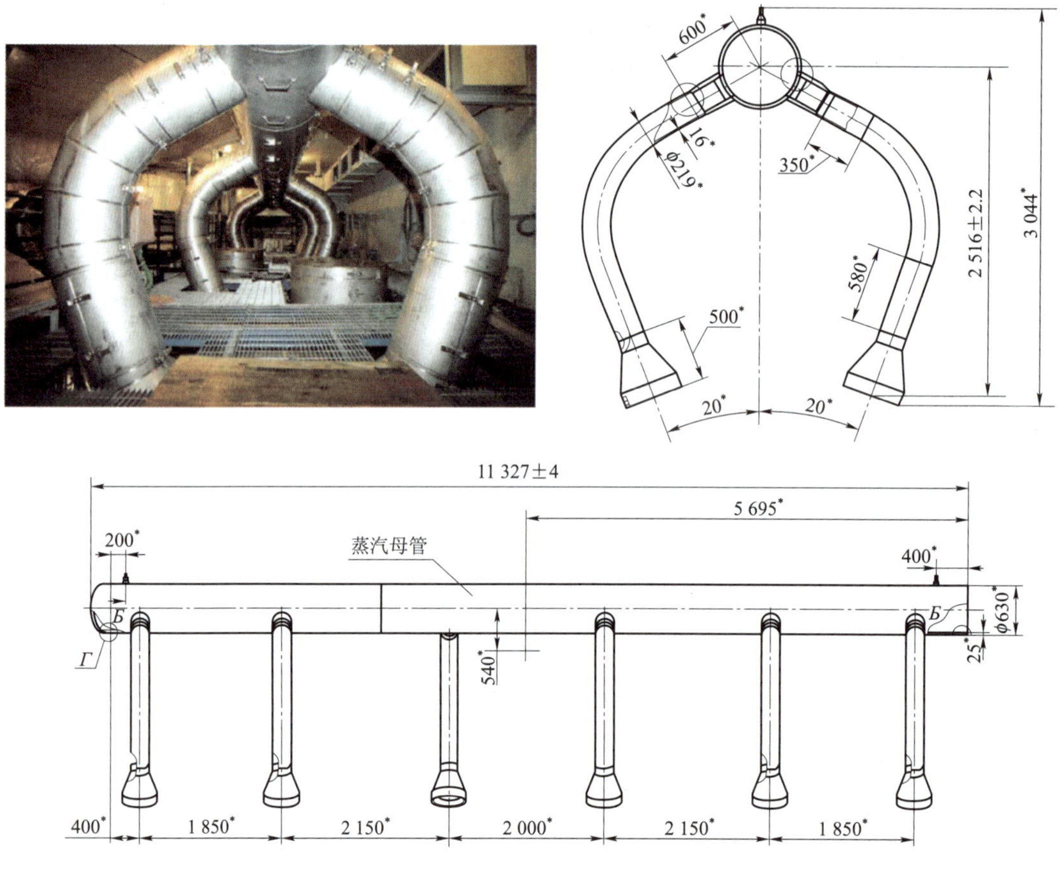

图 1-3-28 蒸汽发生器集汽母管结构

1.3.8 蒸汽发生器支承装置及液压阻尼器

蒸汽发生器的本体安装在 2 个支承件上。每个支承件包括托板、一个双层滚柱轴承、支承底座、连接连杆、连轴器、十字头、嵌入零件和固紧元件。由于有滚柱轴承，在一回路管道受热膨胀时允许蒸汽发生器纵向最大位移是±80 mm，横向最大位移是±98 mm；纵向轴承位于支承板上部，共有 115 个轴承排列，横向轴承位于支承板下部，共有 112 个轴承排列，轴承规格均为直径 84 mm、长 156 mm，轴承间距为 16 mm。

蒸汽发生器的支承结构承受蒸汽发生器的自重载荷、外部动力(地震)作用和一回路管道破裂时的垂直分力。为了防止蒸汽发生器向上垂直运动，每个支承件都配有 1 组拉杆(每组 3 个拉杆)，共 6 个拉杆安装在水泥底座上。为了承受外部动力(地震)作用和一回路管道破裂时作用在蒸汽发生器上的水平分力，每个蒸汽发生器设有 4 个液压阻尼器。液压阻尼器一端用轴固定在蒸汽发生器固定支架上，另一端固定到蒸汽发生器隔间墙壁上的嵌入零件固定架上。液压阻尼器同支承装置一样，允许蒸汽发生器因管道的热膨胀而产生一定位移。每个液压阻尼器可承受的最大负载是 450 t。支承装置及液压阻尼器布置及结构如图 1-3-29～图 1-3-35 所示。

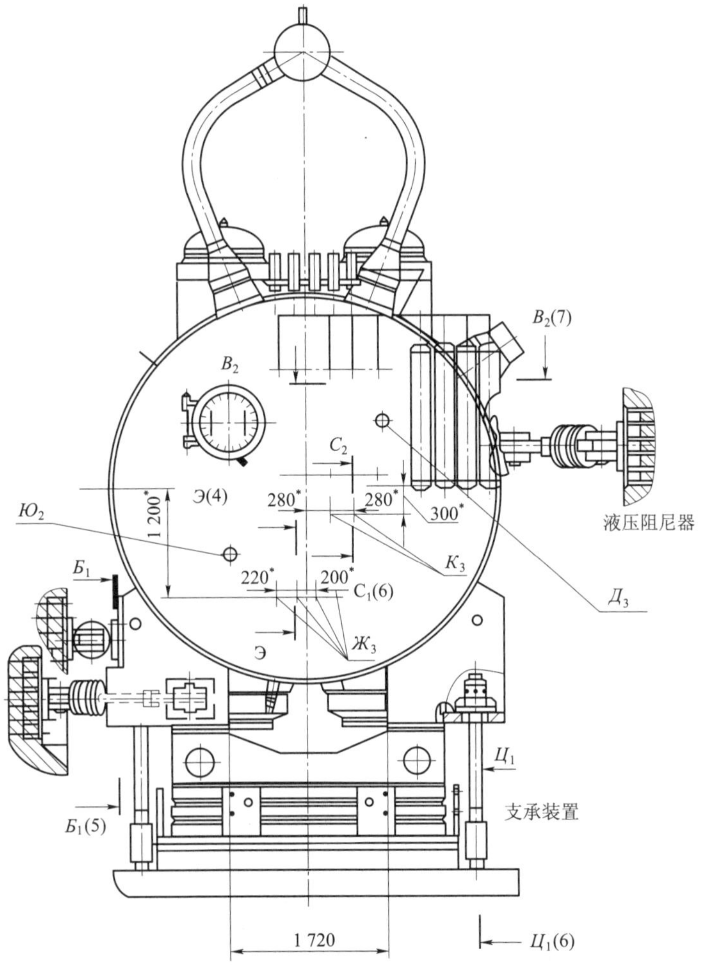

图 1-3-29 蒸汽发生器支承装置和液压阻尼器布置图

1.3.9 蒸汽发生器液位波动箱

液位波动箱是蒸汽发生器的组成部分，用于测量和传输液位信号。液位波动箱由圆柱壳体、椭圆底以及接管组成，接管用于导入或导出工作介质。液位波动箱分为单腔波动箱和双腔波动箱两类：1～5 号波动箱为单腔波动箱（亦称为宽量程液位传感器），其量程是 0.8～4.0 m。在每个蒸汽发生器的冷封头安装有 5 个单腔波动箱。6～10 号波动箱为双腔波动箱（亦称为窄量程液位传感器），其量程是 2.13～3.1 m。在每个蒸汽发生器的冷封头安装有 4 个双腔波动箱，在热封头安装有 1 个双腔波动箱。单腔波动箱和双腔波动箱结构如图 1-3-36 所示。

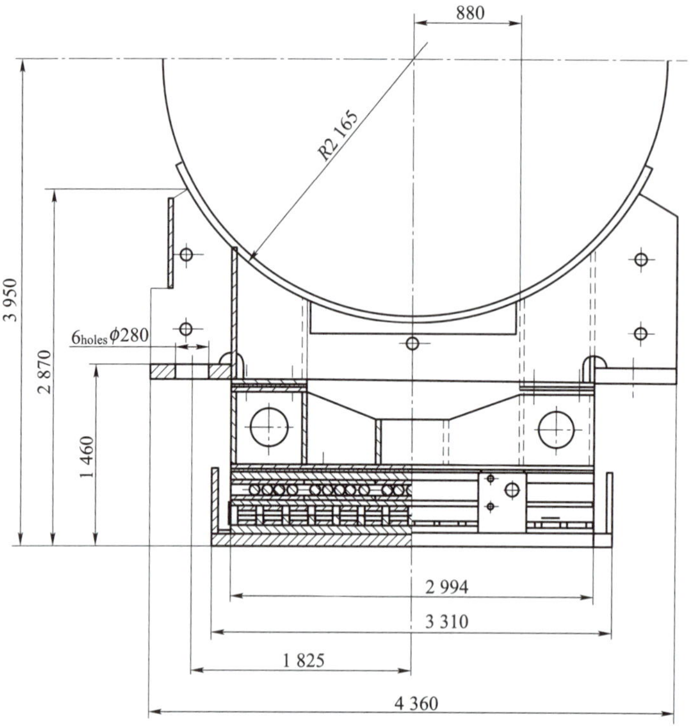

图 1-3-30 蒸汽发生器支承装置局部

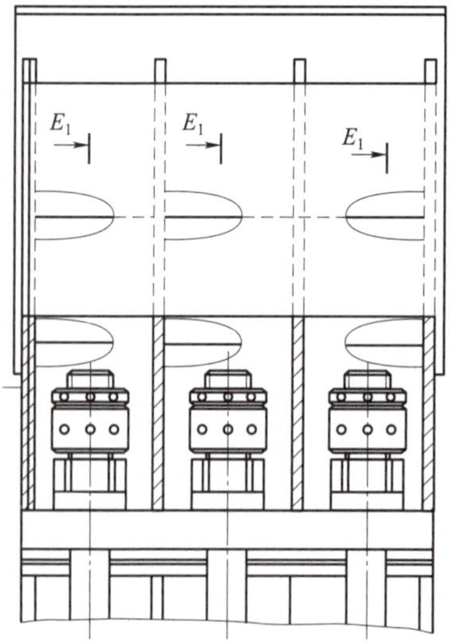

图 1-3-31 蒸汽发生器支承装置拉杆

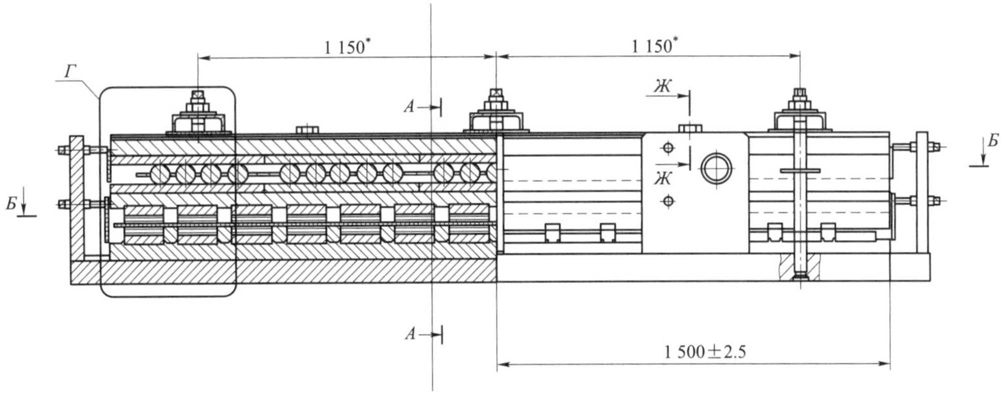

图 1-3-32　蒸汽发生器支承装置滚柱轴承室结构侧视图

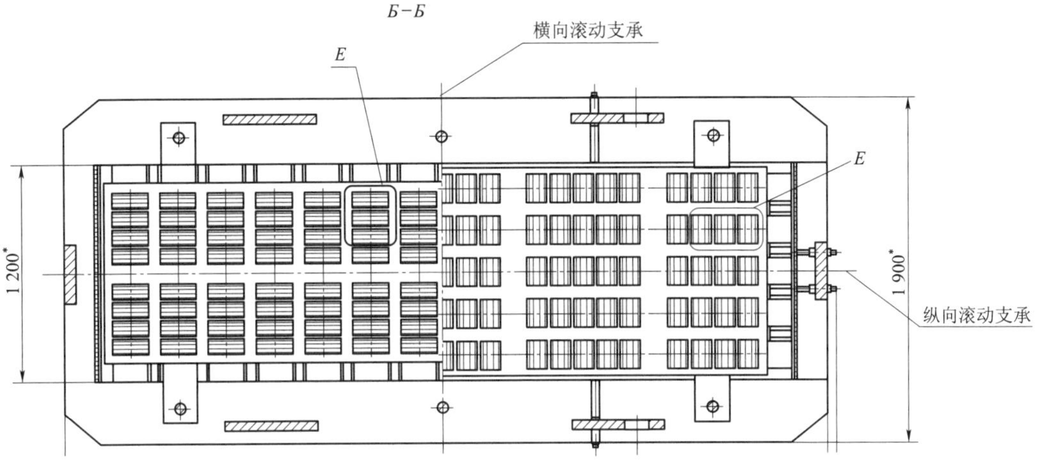

图 1-3-33　蒸汽发生器支承装置滚柱轴承室结构俯视图

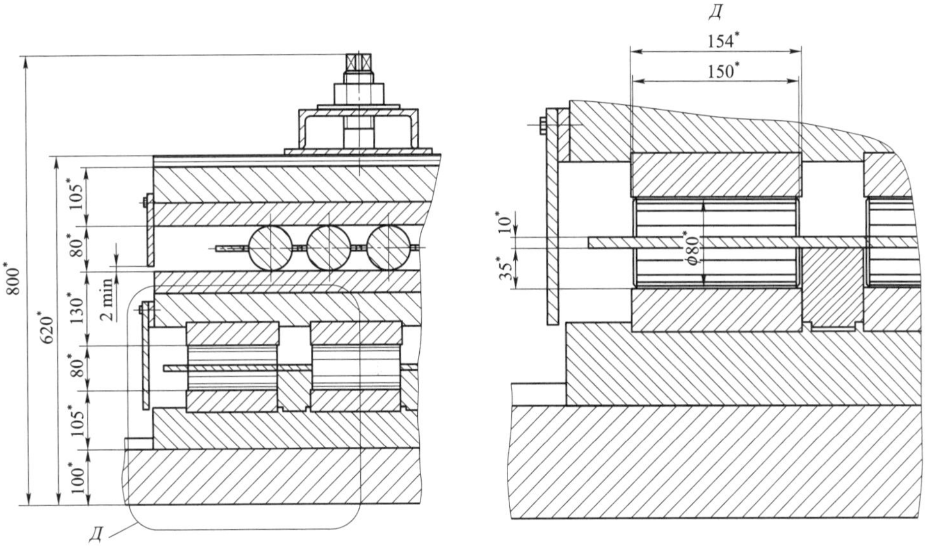

图 1-3-34　蒸汽发生器支承装置滚柱轴承室局部

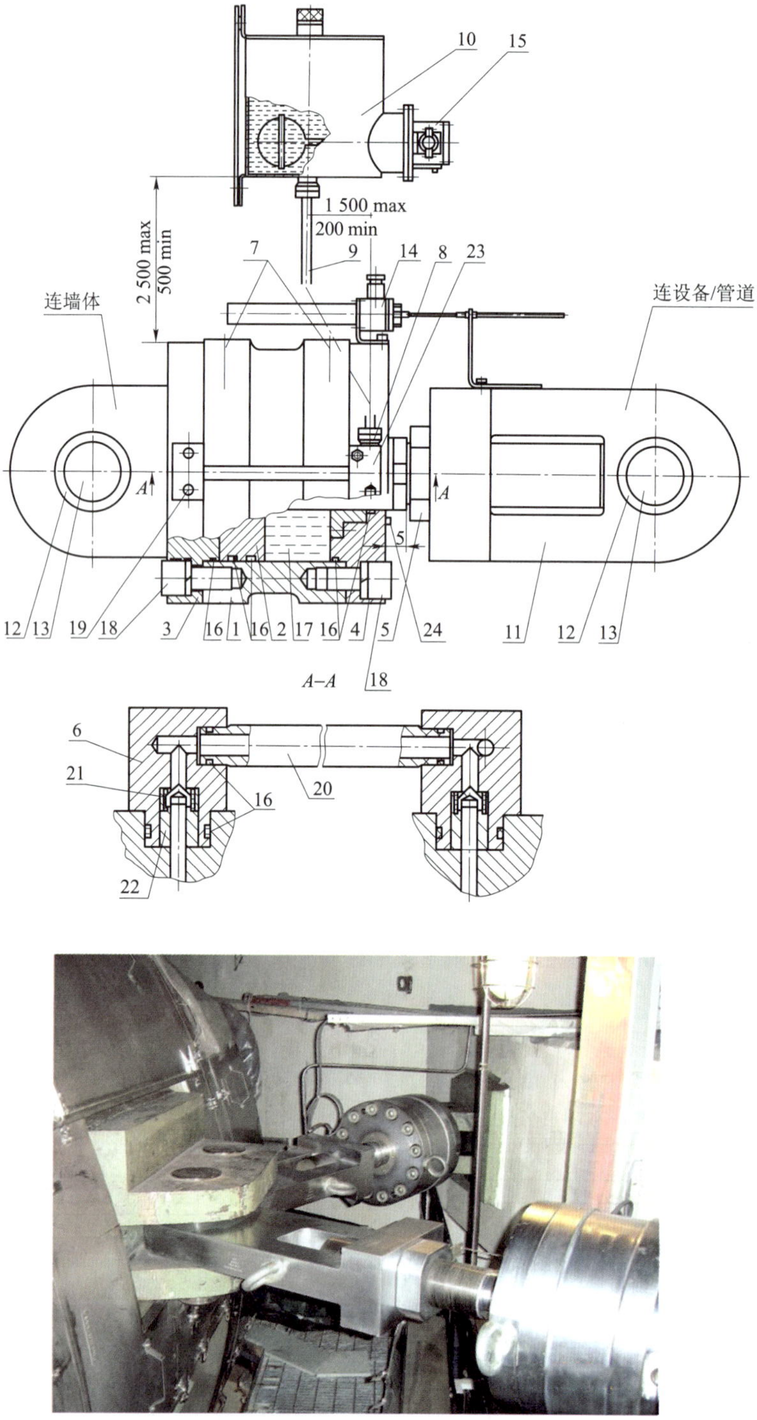

图 1-3-35　蒸汽发生器液压阻尼器结构

1—圆柱体；2—活塞；3—盖 3；4—盖 4；5—活塞杆螺母；6—部件 6；7—排气孔；8—锁紧螺母；9—油管；10—油罐；11—与设备相连的臂；12—臂上的碗形轴承；13—固定销；14—位置指示器；15—油位指示器；16—密封圈；17—工作液；18—螺栓；19—螺丝；20—联通管；21—弹簧；22—阀芯；23—阀组；24—螺丝

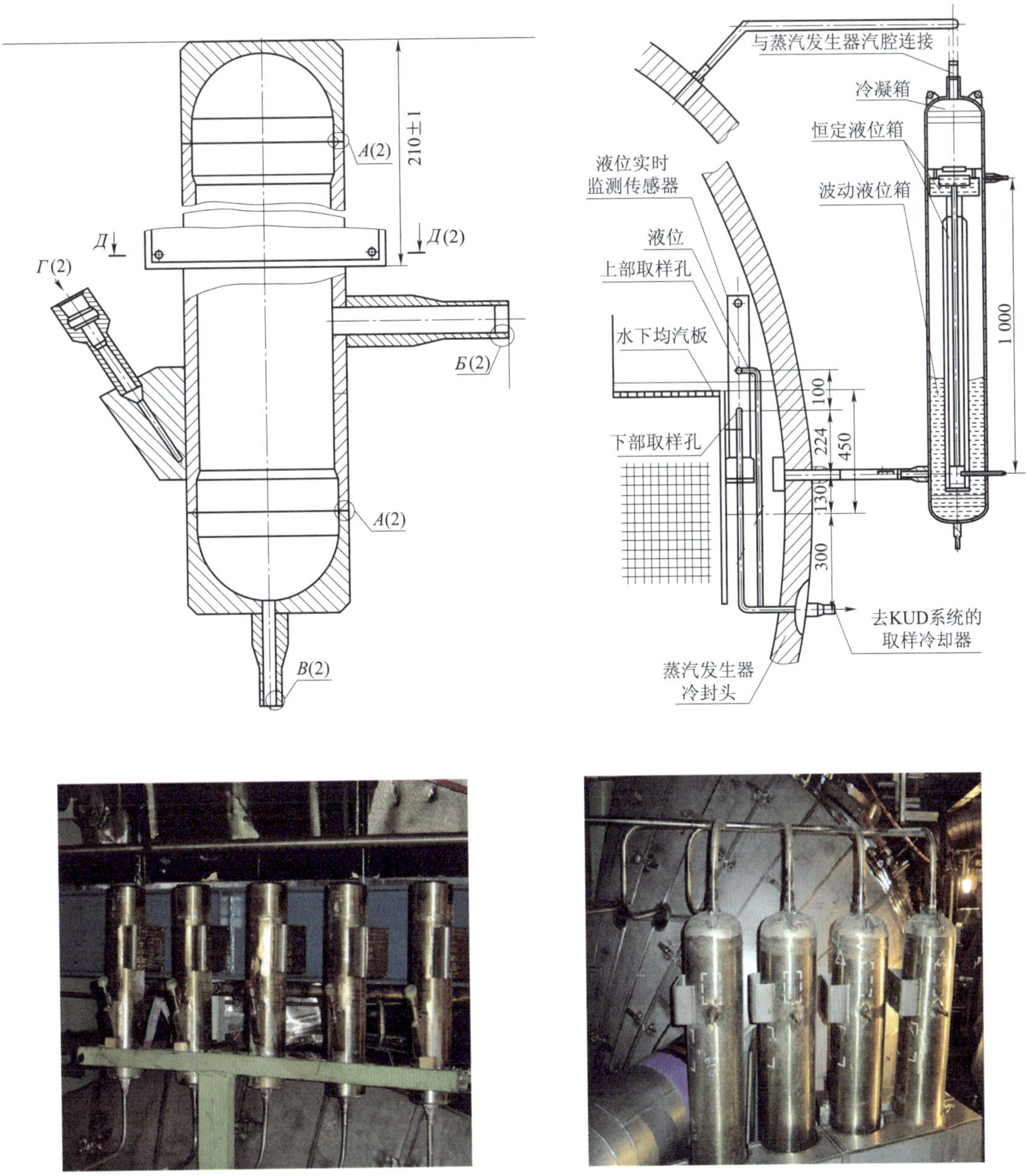

(a)　　　(b)

图 1-3-36　单腔波动箱和双腔波动箱示意图

(a) 单腔波动箱；(b) 双腔波动箱

复习思考题

1. 简述蒸汽发生器的基本功能和工作原理。
2. 简述蒸汽发生器及各部件是如何分级的。

3. 简述蒸汽发生器的基本运行参数。
4. 简述蒸汽发生器在厂房内是如何布置的。
5. 简述蒸汽发生器的主要组成部分及内部主要部件。
6. 简述传热管的规格、材质、数量及排列方式。
7. 简述蒸汽发生器的的密封形式。
8. 简述上部均汽孔板和水下均汽板的功能、规格及布置方式。
9. 简述蒸汽发生器支承装置和液压阻尼器的基本结构构成。
10. 简述蒸汽发生器液位波动箱的组成及功能。

第二章　ПГВ-1000М 型蒸汽发生器维修专用工具

2.1　ПГВ-1000М 型蒸汽发生器专用螺栓拉伸机

2.1.1　蒸汽发生器螺栓拉伸机成套设备的结构组成及基本参数

用于蒸汽发生器一次侧、二次侧以及人孔的开启和密封的螺栓拉伸机(英文缩写 MST)可以将法兰连接上所有的螺栓同时、同步地拉伸。这种对所有螺栓同时、同步的拉伸能最大限度地满足密封的需要。由于所有螺栓是被同时拉伸的,操作人员在辐射区域进行操作的时间和设备的工作时间因此而降到最短。

螺栓拉伸机成套设备主要由螺栓拉伸机、液压控制电脑箱、红外线发射接收装置、拉伸测量表、液压油管、压缩空气管、控制数据线、螺栓适配器、螺母适配器、动作螺母、螺母拨杆、测量塞尺等部件组成,各组成部件结构如图 2-1-1～图 2-1-15 所示。基本参数如下:

(1) 一次侧拉伸机 MST-PM-20-M60-674

图号:823 380 000 000 00

(螺孔中心线)直径:	674 mm
螺栓孔个数:	20
螺栓直径:	M 60
动作螺母螺线:	M 42×2
拉伸活塞面积:	46.86 cm^2
工作压力:	1 365 bar
试验压力:	1 502 bar
MST 外边直径:	841 mm
质量:	466 kg

(2) 二次侧拉伸机 MST-SM-24-M52-950

图号:823 380 100 000 00

(螺孔中心线)直径:	950 mm
螺栓孔个数:	24
螺栓直径:	M 52
动作螺母螺线:	M 42×2
拉伸活塞面积:	46.86 cm^2
工作压力:	1 452 bar
试验压力:	1 597 bar

MST 外边直径： 1 117 mm

质量： 825 kg

(3) 人孔拉伸机 MST-MLD-20-M48-670

图号：823 380 200 000 00

(螺孔中心线)直径： 670 mm

螺栓孔个数： 20

螺栓直径： M 48

动作螺母螺线： M 36×2

拉伸活塞面积： 39.00 cm^2

工作压力： 956 bar

试验压力： 1 052 bar

MST 外边直径： 1 117 mm

质量： 220 kg

(4) 液压油型号:ISO VG 22

(5) 压缩空气油箱用油型号：ISO VG15

(6) 电压:230 V/50 Hz

(7) 压缩空气：5 bar

(8) 压缩空气流量要求：3 200 L/min

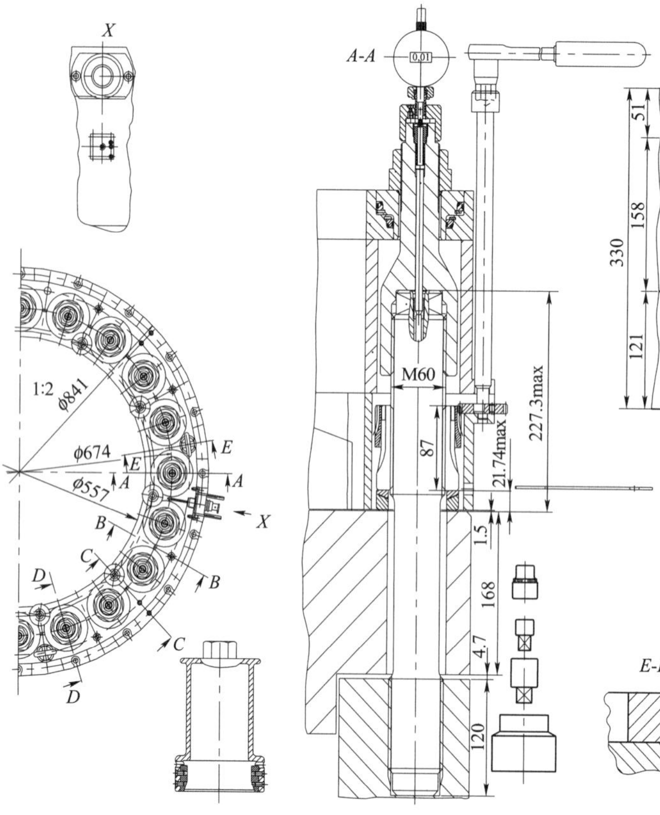

图 2-1-1 一次侧拉伸机 MST-PM-20-M60-674 结构(一)

图 2-1-2　一次侧拉伸机 MST-PM-20-M60-674 结构(二)

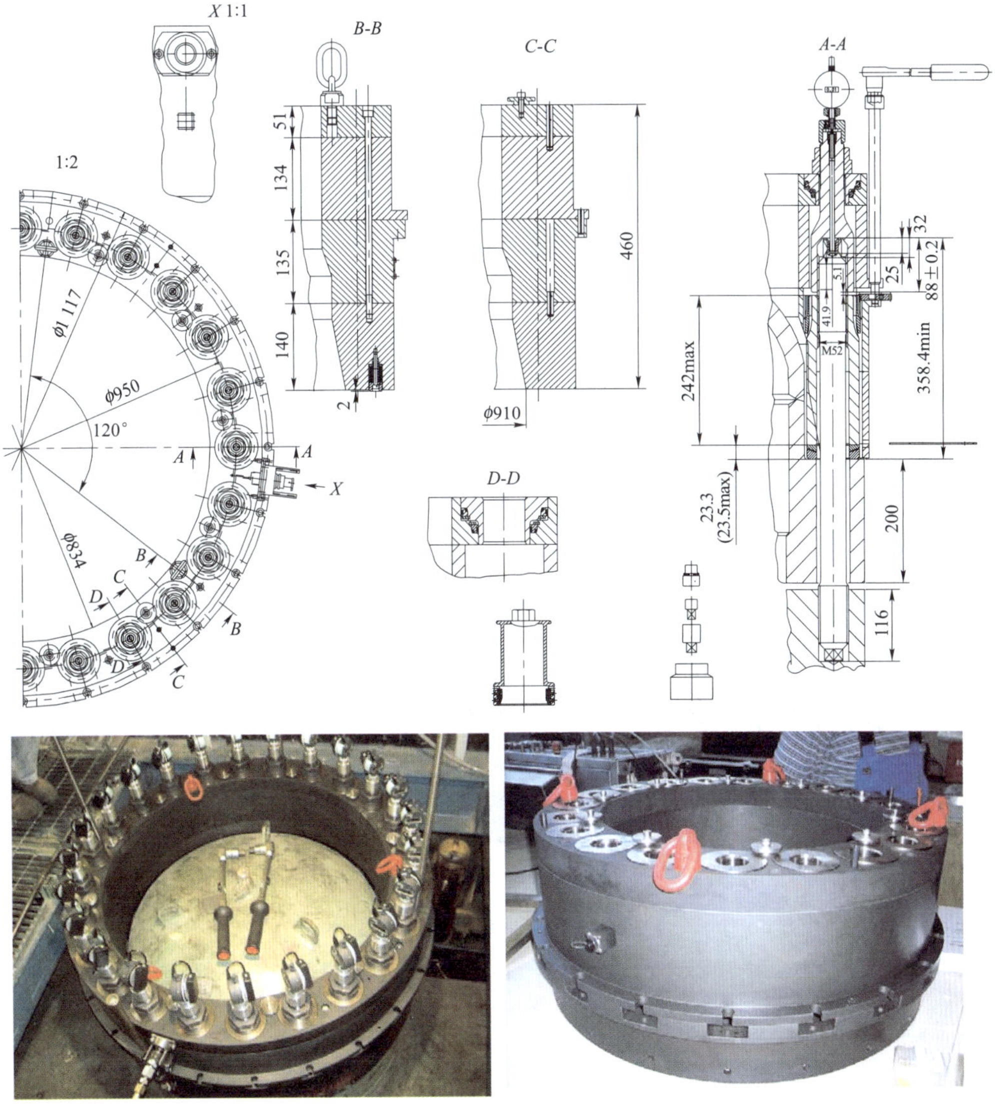

图 2-1-3　二次侧拉伸机 MST-SM-24-M52-950 结构

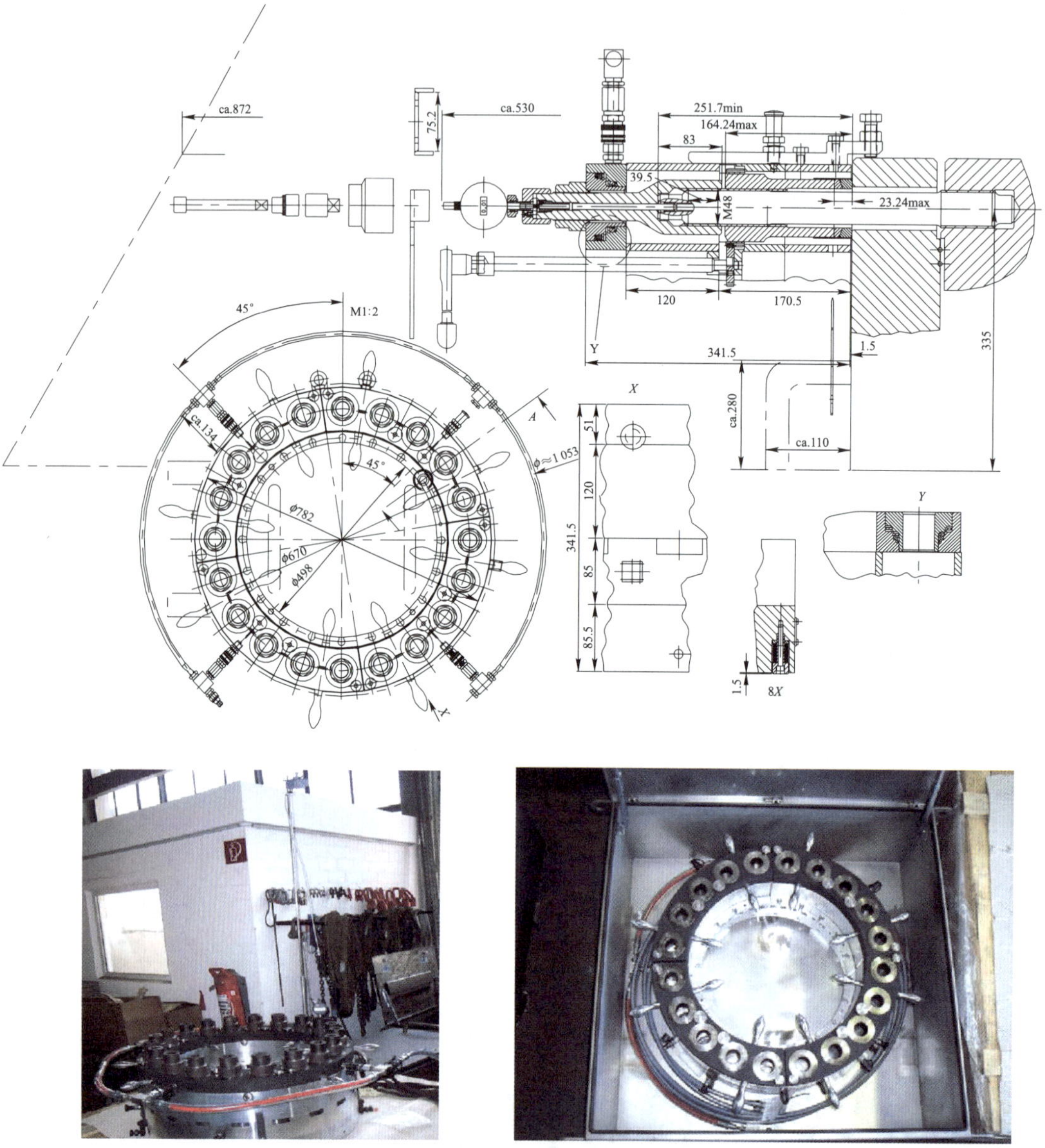

图 2-1-4　人孔拉伸机结构 MST-MLD-20-M48-670

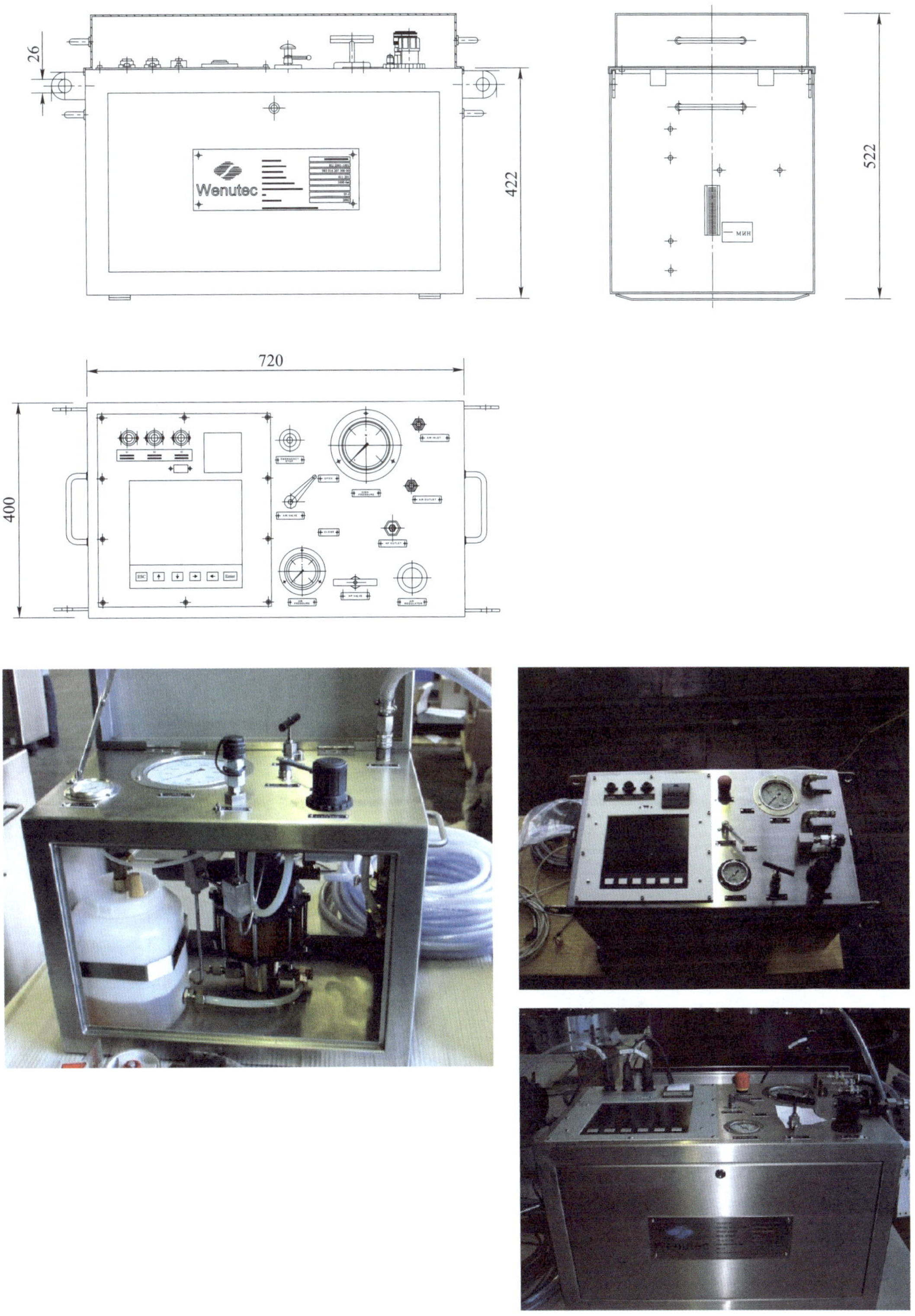

图 2-1-5　液压控制电脑箱结构

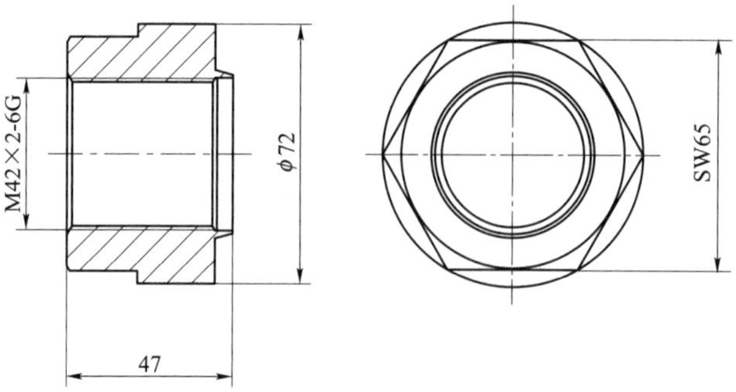

图 2-1-6 动作螺母

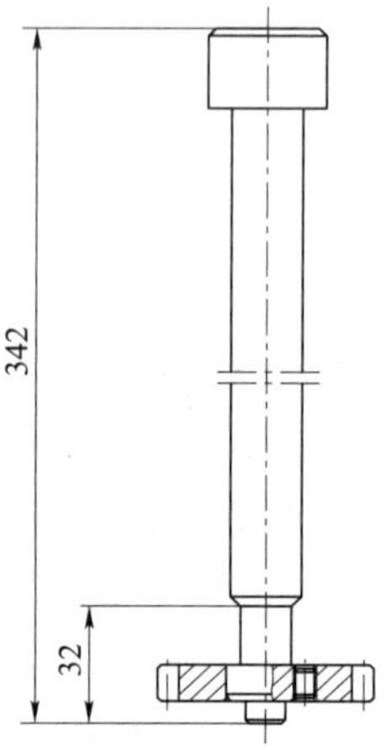

图 2-1-7 螺母拨杆

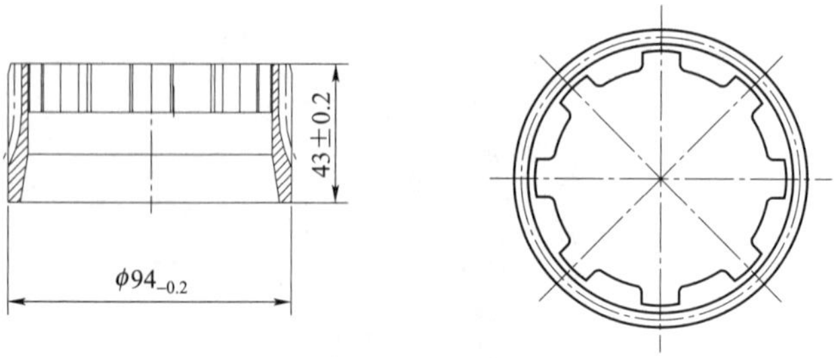

图 2-1-8 螺母适配器

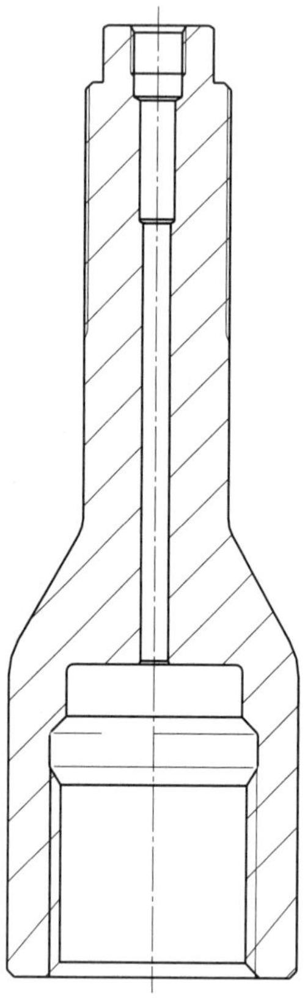

图 2-1-9 螺栓适配器

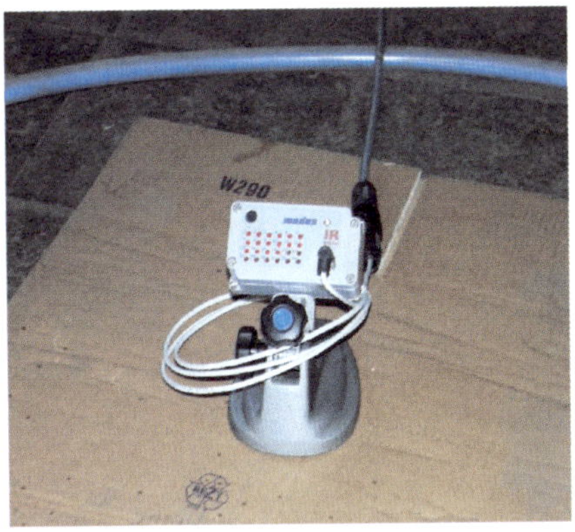

图 2-1-10　红外接收装置

图 2-1-11　拉伸测量表

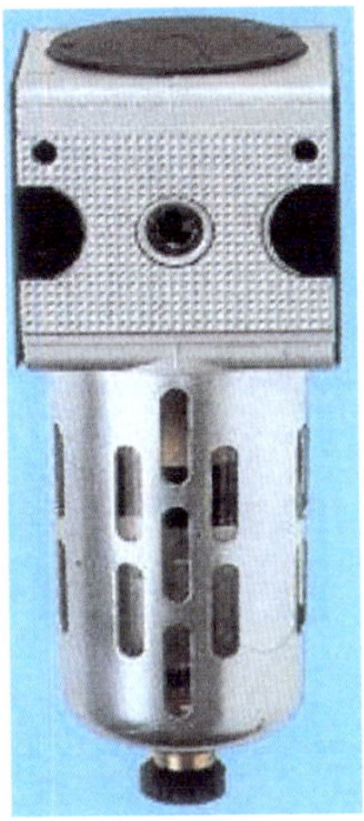

图 2-1-12　空气过滤器

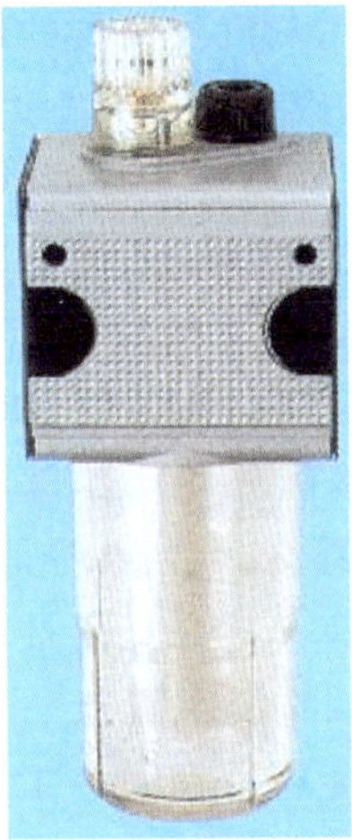

图 2-1-13　压缩空气润滑器

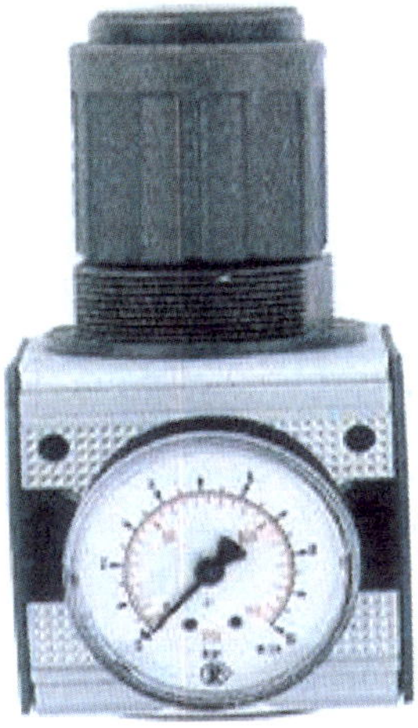

图 2-1-14　压缩空气压力调节阀

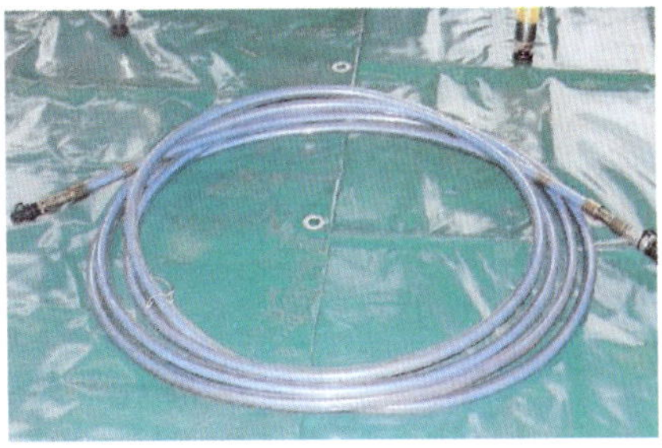

图 2-1-15　液压油管

2.1.2 蒸汽发生器螺栓拉伸机的工作原理及结构

一、二次侧螺栓拉伸机由下到上可以分为基础环、拉伸环(包括拉伸活塞、螺栓适配器)和动作螺母。位于基础环和动作螺母之间的拉伸环是MST的主要部分。拉伸环上开有20(24)个孔,孔周围就是拉伸活塞。在拉伸机的侧面有一个方便与高压油泵连接的快速接头。在拉伸环内开有孔,用于将液压油分配给每一个拉伸活塞。给拉伸环充入某一确定压力的液压油后,拉伸活塞将同时被向上顶起。拉伸活塞将拉力传给动作螺母,动作螺母将同时把螺栓拉伸到一定长度。一旦螺栓被拉长,蒸汽发生器的螺帽就可以上紧了。拉伸环下的基础环将拉伸时产生的反作用力传给法兰面。在基础环上开有槽,用于拨动动作螺母,从而旋紧或松动螺栓,见图2-1-16。

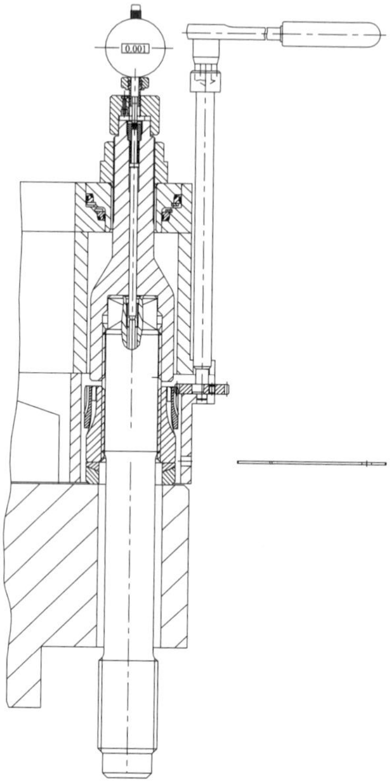

图2-1-16 一、二次拉伸机局部视图

人孔螺栓拉伸机由下到上可以分为基础环、拉伸环(包括拉伸活塞、螺栓适配器)和动作螺母。位于基础环和动作螺母之间的拉伸环是MST的主要部分。拉伸环是由4块组成的,每块伸环上开有5个孔,孔周围就是拉伸活塞。在每块拉伸环的侧面都有一个方便与高压油泵连接的快速接头。在每块拉伸环内都开有孔,用于将液压油分配给每一个拉伸活塞。给拉伸环充入某一确定压力的液压油后,拉伸活塞将同时被向上顶起。拉伸活塞将拉力传给动作螺母,动作螺母将同时把螺栓拉伸到一定长度。一旦螺栓被拉长,蒸汽发生器的螺帽就可以上紧了。拉伸环下的基础环将拉伸时产生的反作用力传给法兰面。在基础环上开有槽,用于拨动动作螺母,从而旋紧或松动螺栓,见图2-1-17。

2.1.3 蒸汽发生器螺栓拉伸机控制程序的使用

当接通控制台的电源后,程序自动启动,显示器上显示启动界面,见图2-1-18。

2.1.3.1 程序启动

按[Next],显示主菜单,如图2-1-19所示。

通过[Up]和[Down],移动光标选择合适的子程序。按下[Next],启动子程序。

2.1.3.2 参数调节

注意:在开始拉伸测量前,必须逐个检查子菜单内的参数值。为了进入子程序"Parameter"(参数),使用[Up],[Down]从主菜单中选择"Parameter"(参数),并按[Next]进入该子菜单。"Parameter"(参数)界面如图2-1-20所示。

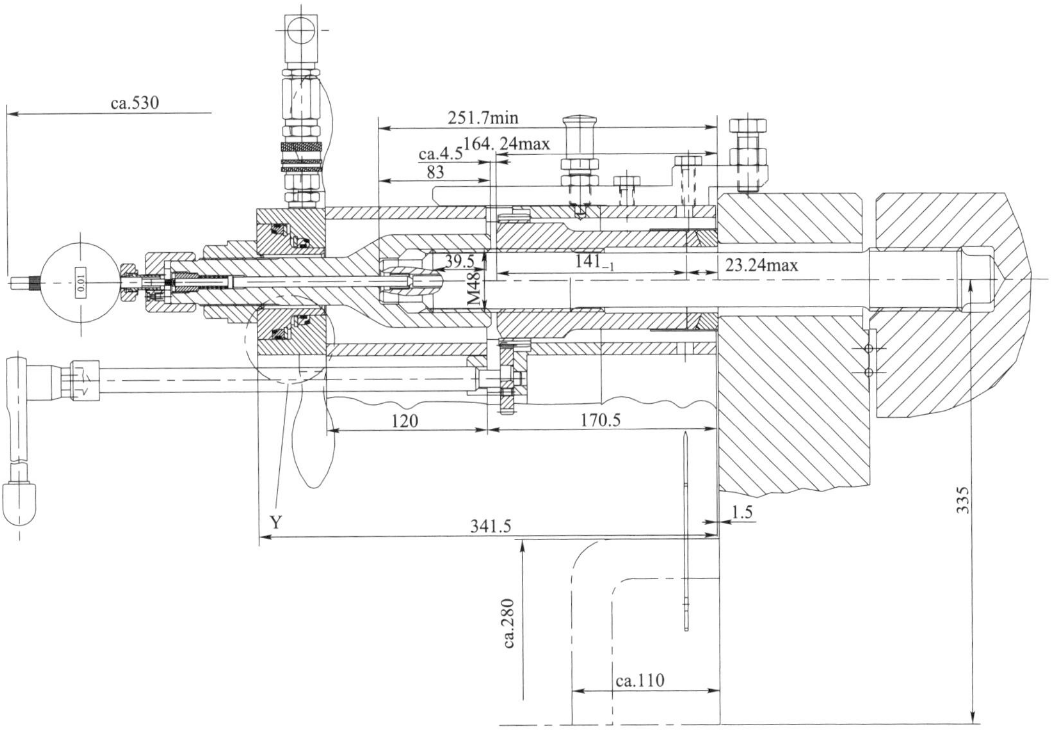

图 2-1-17　人孔拉伸机局部视图

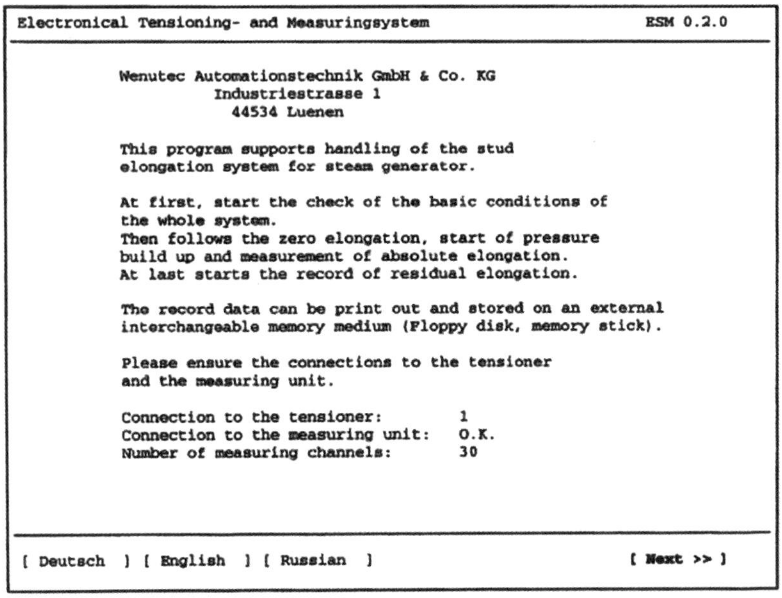

图 2-1-18　启动界面

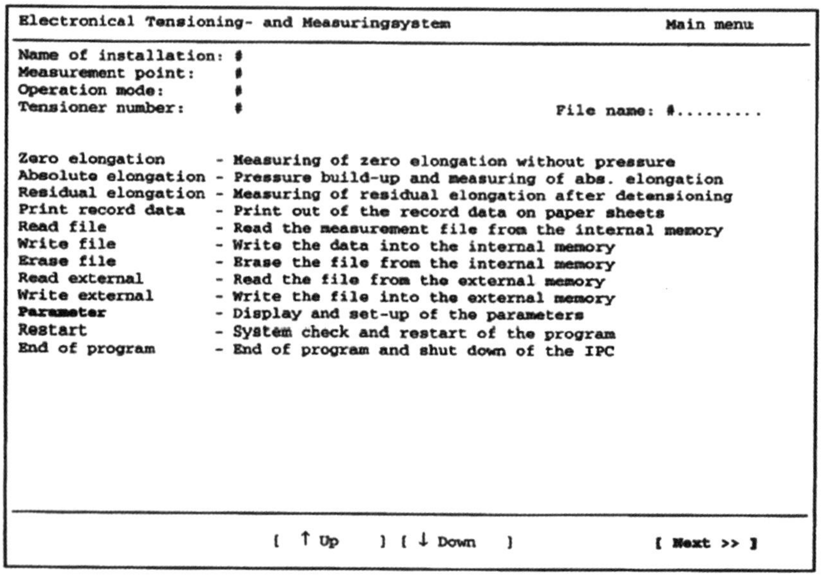

图 2-1-19 主菜单界面

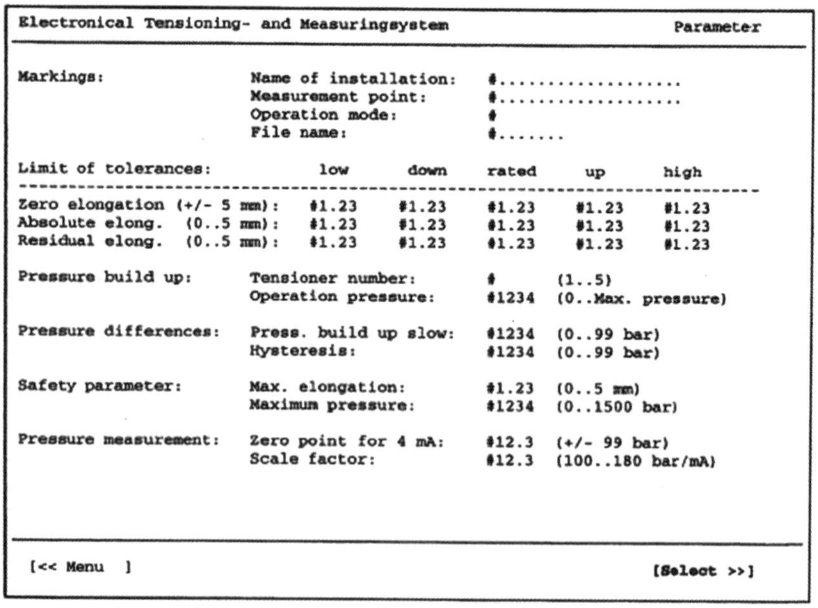

图 2-1-20 参数调节界面(选择)

返回主菜单按[Menu],改变参数按[Select]。在通过[Select]进行确认后,屏幕上出现下一个参数,能够修改的区域用蓝色表示,光标的实际位置用绿色表示。光标放置在参数可以进行修改处的第一行内,如图 2-1-21 所示。

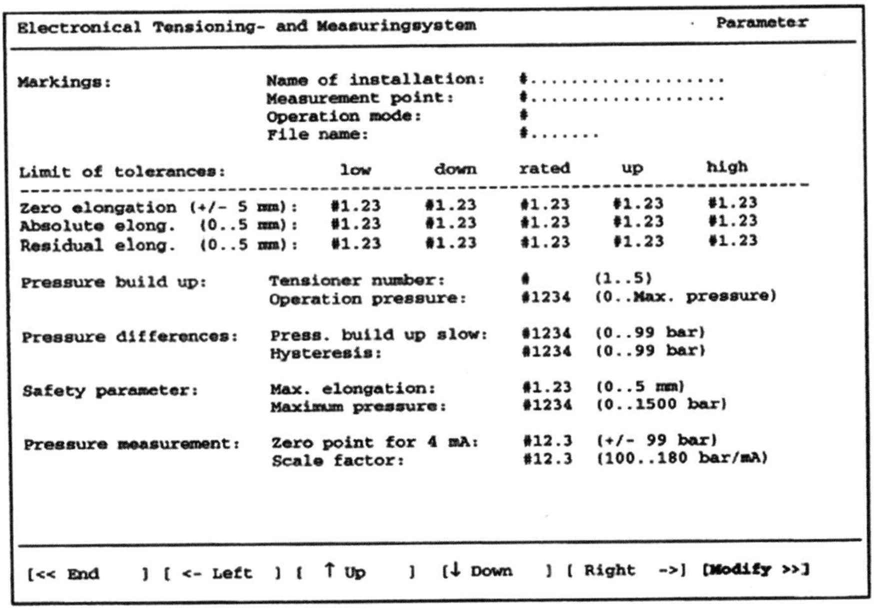

图 2-1-21 参数调节界面(修改)

通过[Left],[Up],[Down],[Right]键,可以移动到下一个参数,修改参数按[Modify]键。按下[Modify]键后,屏幕上显示如图 2-1-22 所示的参数设定界面,并且光标闪动。

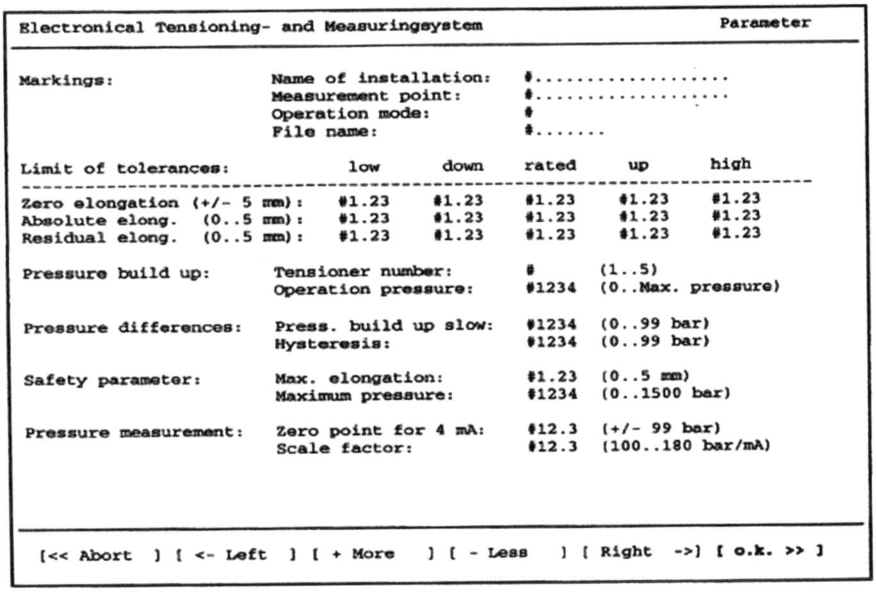

图 2-1-22 参数调节界面(确认修改)

通过[Left],[Right]键可以移动光标到相应的欲修改的字母处,通过[More],[Less]可以改变字母和数字。在修改完毕后,按[Ok]键确认。在按过[Ok]键后(无论是否修改参数)光标将不再闪动,出现返回上一级菜单(在最后一行里出现[End]),如图 2-1-23 所示。

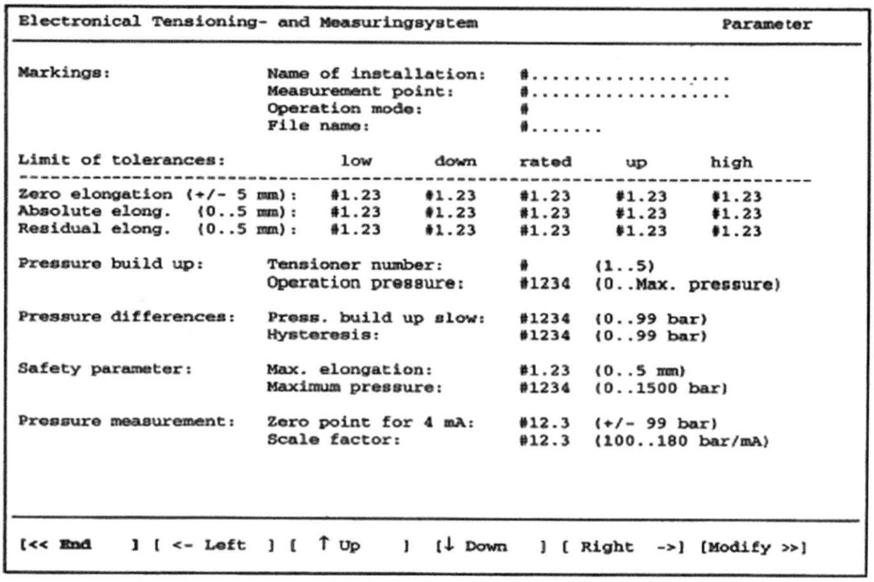

```
Electronical Tensioning- and Measuringsystem                              Parameter
-----------------------------------------------------------------------------------
Markings:                     Name of installation:   #..................
                              Measurement point:      #..................
                              Operation mode:         #
                              File name:              #.......

Limit of tolerances:              low       down      rated     up        high
-----------------------------------------------------------------------------------
Zero elongation (+/- 5 mm):       #1.23     #1.23     #1.23     #1.23     #1.23
Absolute elong.   (0..5 mm):      #1.23     #1.23     #1.23     #1.23     #1.23
Residual elong.   (0..5 mm):      #1.23     #1.23     #1.23     #1.23     #1.23

Pressure build up:            Tensioner number:       #         (1..5)
                              Operation pressure:     #1234     (0..Max. pressure)

Pressure differences:         Press. build up slow:   #1234     (0..99 bar)
                              Hysteresis:             #1234     (0..99 bar)

Safety parameter:             Max. elongation:        #1.23     (0..5 mm)
                              Maximum pressure:       #1234     (0..1500 bar)

Pressure measurement:         Zero point for 4 mA:    #12.3     (+/- 99 bar)
                              Scale factor:           #12.3     (100..180 bar/mA)

-----------------------------------------------------------------------------------
[<< End    ] [ <- Left  ] [ ↑ Up    ] [↓ Down    ] [ Right  ->] [Modify >>]
```

图 2-1-23 参数调节界面(调整完毕)

现在可以修改下一个参数,当所有参数调整完毕后,按[End]键结束。在按下参数键确认修改完毕后,如图 2-1-24 所示,屏幕上会显示问题:Erase old parameter and store new parameter(Y/N)?(是否删除旧参数并存储新参数?)

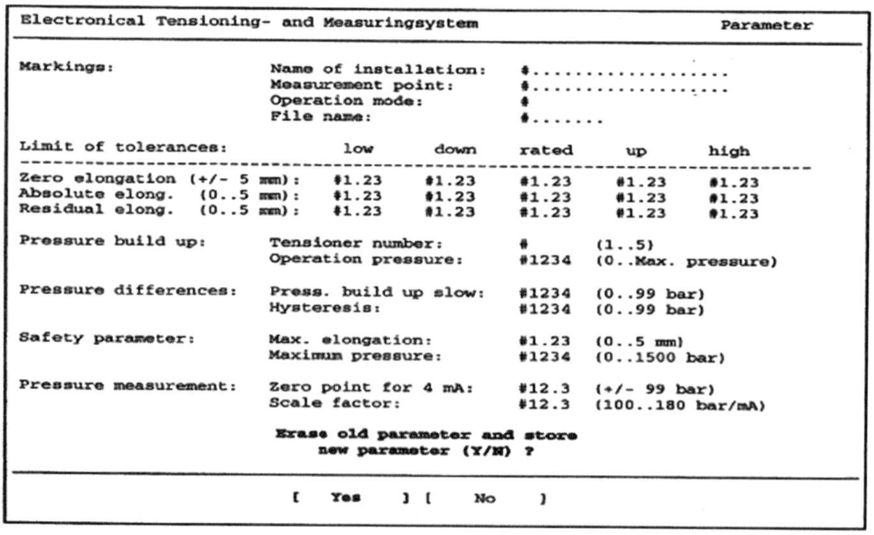

```
Electronical Tensioning- and Measuringsystem                              Parameter
-----------------------------------------------------------------------------------
Markings:                     Name of installation:   #..................
                              Measurement point:      #..................
                              Operation mode:         #
                              File name:              #.......

Limit of tolerances:              low       down      rated     up        high
-----------------------------------------------------------------------------------
Zero elongation (+/- 5 mm):       #1.23     #1.23     #1.23     #1.23     #1.23
Absolute elong.   (0..5 mm):      #1.23     #1.23     #1.23     #1.23     #1.23
Residual elong.   (0..5 mm):      #1.23     #1.23     #1.23     #1.23     #1.23

Pressure build up:            Tensioner number:       #         (1..5)
                              Operation pressure:     #1234     (0..Max. pressure)

Pressure differences:         Press. build up slow:   #1234     (0..99 bar)
                              Hysteresis:             #1234     (0..99 bar)

Safety parameter:             Max. elongation:        #1.23     (0..5 mm)
                              Maximum pressure:       #1234     (0..1500 bar)

Pressure measurement:         Zero point for 4 mA:    #12.3     (+/- 99 bar)
                              Scale factor:           #12.3     (100..180 bar/mA)

                                Erase old parameter and store
                                   new parameter (Y/N) ?
-----------------------------------------------------------------------------------
                              [   Yes    ] [    No    ]
```

图 2-1-24 询问“是否删除旧参数并存储新参数”界面

点击[Yes]或[No]确认后,屏幕上会显示基础菜单。

当修改文件名称时,按下[End]键,如图 2-1-25 所示,屏幕上会显示问题:Build a new

file with changed parameters (Y/N)?(是否使用修改后的参数生成一个新的文件?)按[Yes]或[No]后,会出现基础菜单。

```
Electronical Tensioning- and Measuringsystem                              Parameter

Markings:                  Name of installation:   #..................
                           Measurement point:      #..................
                           Operation mode:         #
                           File name:              #.......

Limit of tolerances:            low       down      rated      up       high
---------------------------------------------------------------------------------
Zero elongation (+/- 5 mm):    #1.23     #1.23     #1.23     #1.23    #1.23
Absolute elong.  (0..5 mm):    #1.23     #1.23     #1.23     #1.23    #1.23
Residual elong.  (0..5 mm):    #1.23     #1.23     #1.23     #1.23    #1.23

Pressure build up:         Tensioner number:       #      (1..5)
                           Operation pressure:     #1234  (0..Max. pressure)

Pressure differences:      Press. build up slow:   #1234  (0..99 bar)
                           Hysteresis:             #1234  (0..99 bar)

Safety parameter:          Max. elongation:        #1.23  (0..5 mm)
                           Maximum pressure:       #1234  (0..1500 bar)

Pressure measurement:      Zero point for 4 mA:    #12.3  (+/- 99 bar)
                           Scale factor:           #12.3  (100..180 bar/mA)

                              Build a new file with
                            changed parameters (Y/N) ?

                           [   Yes    ] [    No    ]
```

图 2-1-25 询问"是否使用修改后的参数生成新文件"界面

当修改"max. elongation""max. pressure""zero point for 4 mA"和"scale factor"时,在按下[End]键后,屏幕上会显示提示"改变安全参数,请输入密码",见图 2-1-26。

```
Electronical Tensioning- and Measuringsystem                              Parameter

Markings:                  Name of installation:   #..................
                           Measurement point:      #..................
                           Operation mode:         #
                           File name:              #.......

Limit of tolerances:            low       down      rated      up       high
---------------------------------------------------------------------------------
Zero elongation (+/- 5 mm):    #1.23     #1.23     #1.23     #1.23    #1.23
Absolute elong.  (0..5 mm):    #1.23     #1.23     #1.23     #1.23    #1.23
Residual elong.  (0..5 mm):    #1.23     #1.23     #1.23     #1.23    #1.23

Pressure build up:         Tensioner number:       #      (1..5)
                           Operation pressure:     #1234  (0..Max. pressure)

Pressure differences:      Press. build up slow:   #1234  (0..99 bar)
                           Hysteresis:             #1234  (0..99 bar)

Safety parameter:          Max. elongation:        #1.23  (0..5 mm)
                           Maximum pressure:       #1234  (0..1500 bar)

Pressure measurement:      Zero point for 4 mA:    #12.3  (+/- 99 bar)
                           Scale factor:           #12.3  (100..180 bar/mA)

                           To change the Safety Parameter,
                             please enter the Password.

[   1   ] [   2   ] [   3   ] [   4   ] [   5   ] [ o.k. >> ]
```

图 2-1-26 提示输入密码界面

从附在操作手册后的密封信封里取出密码,输入密码并按[Ok]键确认。如图 2-1-27 所示,输入的密码错误时会显示信息:"密码错误,是否重试?"

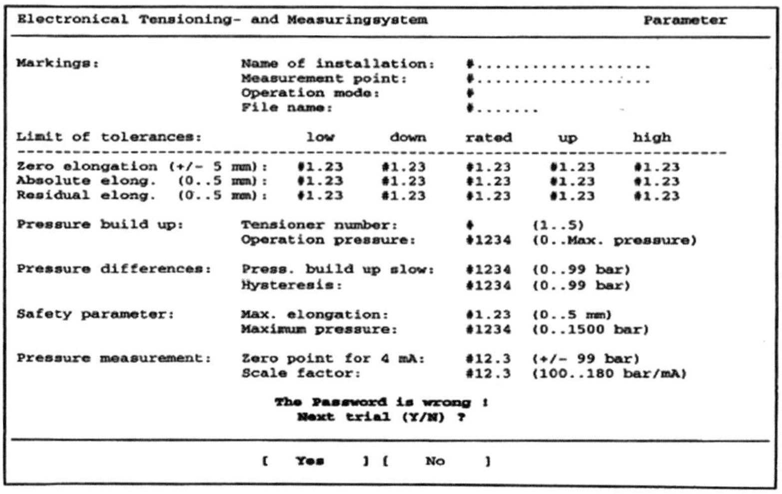

图 2-1-27　提示密码输入错误界面

重试请按[Yes]，取消按[No]。注意：上述屏幕显示的拉伸值均为示例，实际值应根据现场的情况确定，并必须由使用者决定。绝对不能将螺栓的最大拉伸量调整到一个相当高的值。在参数“Pressure measurement zero point for 4 mA”的设定过程中，压力传感器的零点是在无压状态下调整的。比如：设备处在无压状态下，但在拉伸机上显示的是 16 bar，在这种情况下就必须通过面板输入 16 bar。通过“Scaling factor”来调节压力传感器的比例。测量范围为：0～1 600 bar，相应的输出信号为 4～20 mA，那么比例系数为 100 bar/mA。

2.1.3.3 拉伸量的测量

（1）零点拉伸量的测量

在主菜单中可以找到子程序“Zero elongation”，用[Up]，[Down]移动光标来选择本子程序，按[Next]键进入该子程序。屏幕显示的“零点拉伸量菜单”如图 2-1-28 所示。

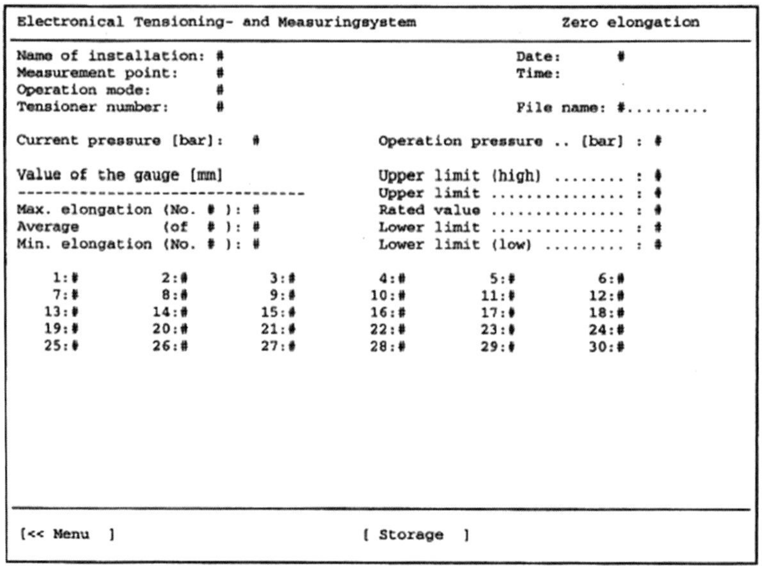

图 2-1-28　零点拉伸量菜单

按[Menu]键返回主菜单，屏幕上显示自动传送已安装测量装置的所有连接，以及已激活的测量装置测到的拉伸量，测量过程中用彩色标明螺栓拉伸量，其中：

蓝色——小于最小可接受的拉伸值；

绿色——在可接受的拉伸范围内；

红色——大于最大可接受的拉伸值。

从测量装置测到的最大、最小和平均值显示在屏幕另外一个区域，且显示相应数字表序号。同时显示在屏幕上的还有：当时的压力、操作压力、拉伸量限值、日期和时间。如果在某个测量通道旁边出现"＊"则必须对测量仪表进行检查，看其是否处于连接状态。按[Storage]键，可以将测量值存储在机器里。

按[Storage]确认后，屏幕上显示如图2-1-29所示的信息：Delete old zero, absolute and residual elongations and store new zero values(Y/N)?（是否删除原有的零拉伸量、绝对拉伸量和剩余拉伸量并保存新的零拉伸量?）

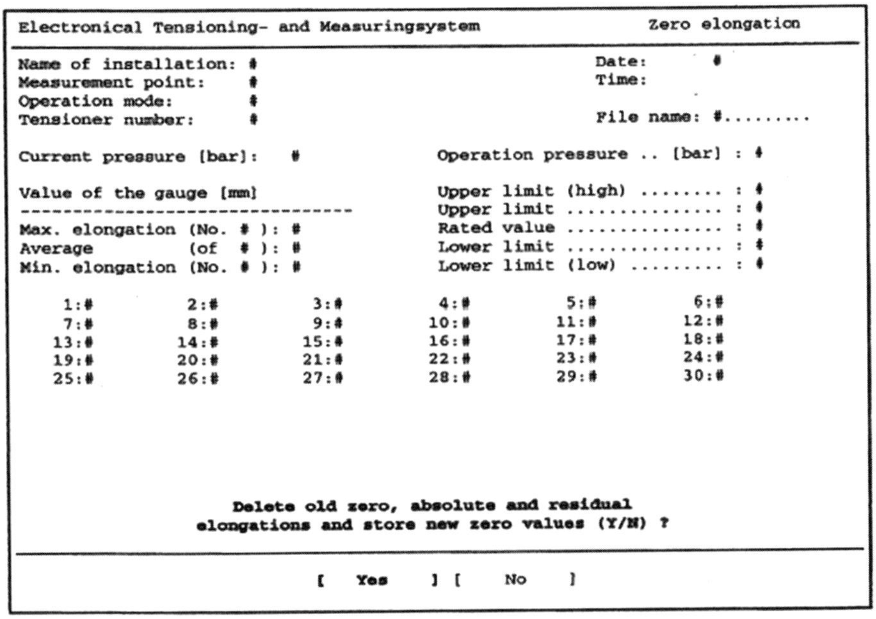

图2-1-29　零点拉伸量存储询问界面

按下[No]后，屏幕显示基本的零拉伸量的菜单。保存新的值则按[Yes]。按下[Yes]后，出现下一个菜单，如图2-1-30所示。

当零点拉伸量测量完毕后，按[Next]键进入绝对拉伸量的测量。

(2) 绝对拉伸量的测量

在零拉伸量测量完毕后，按[Next]键，进入绝对拉伸量的测量菜单，如图2-1-31所示。

按下[Pump on]后，出现信息：Operation pressure is built up automatically, wait until the automatic function is stopped.（压力自动增加，等待直到自动功能停止。）

达到操作压力时，增压自动停止。增压自动停止之后出现下一菜单，如图2-1-32所示。

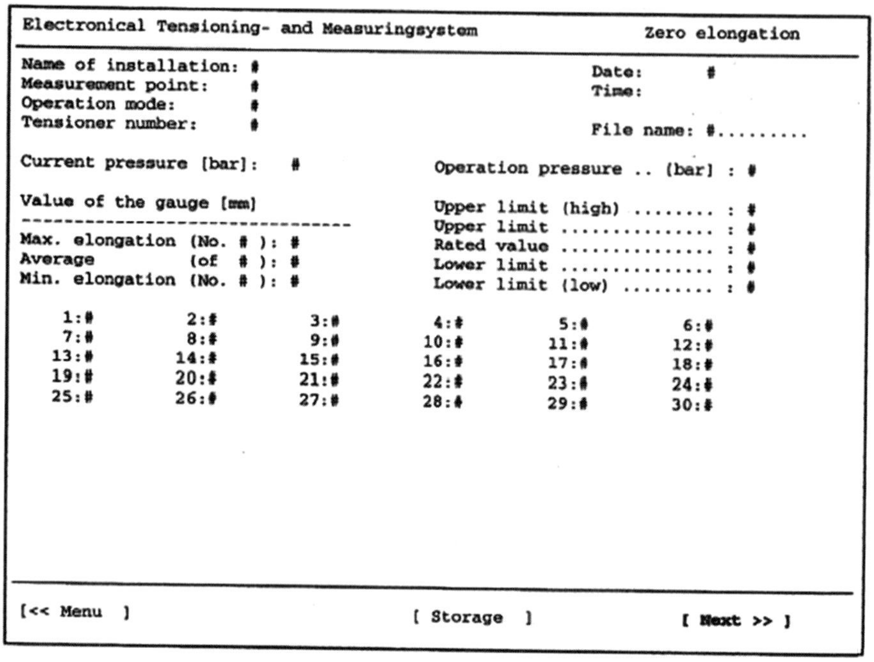

图 2-1-30 零点拉伸量保存新值界面

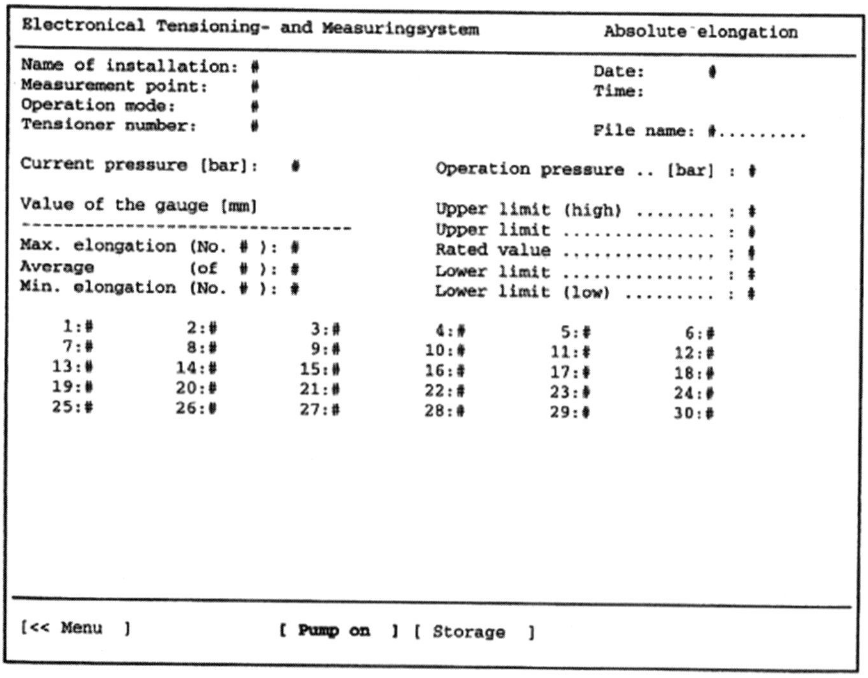

图 2-1-31 绝对拉伸量测量界面

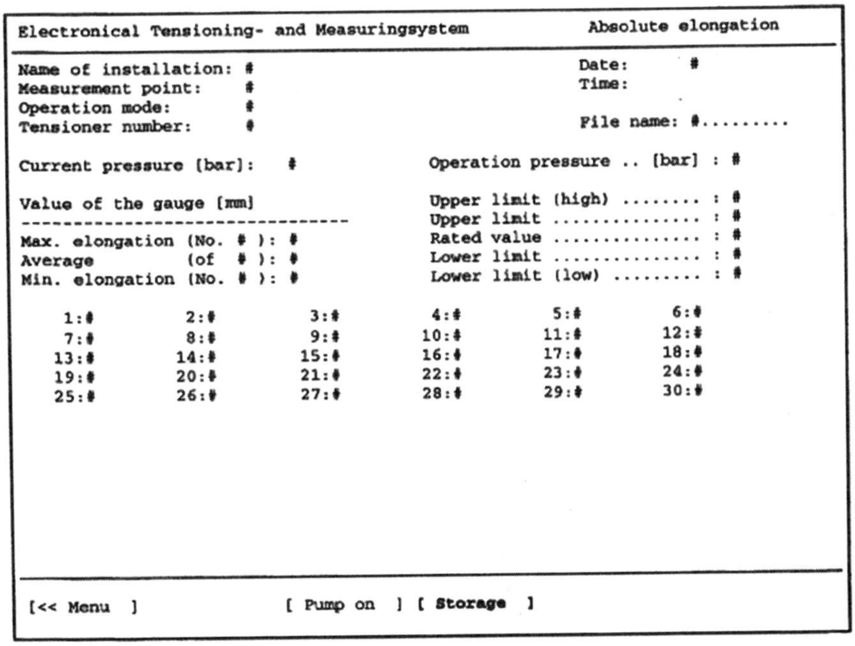

图 2-1-32　增压自动停止后出现的界面

按[Storage]，将显示的测量值保存在内部存储器内。

在按下[Storage]后，界面下方显示提问：Delete old absolute elongation values and store new absolute values(Y/N)？（是否删除原来的拉伸值并存储新的绝对值?）按[No]出现基本绝对拉伸量菜单按[Yes]则储存新值，如图 2-1-33 所示。

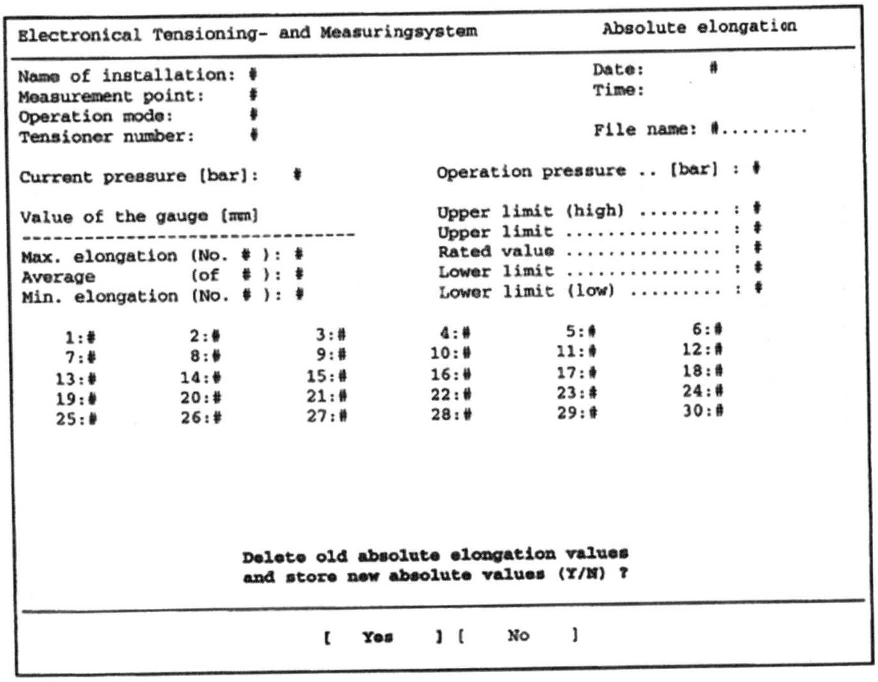

图 2-1-33　绝对拉伸量存储询问界面

在按下[Yes]后，显示下一个菜单，如图 2-1-34 所示。

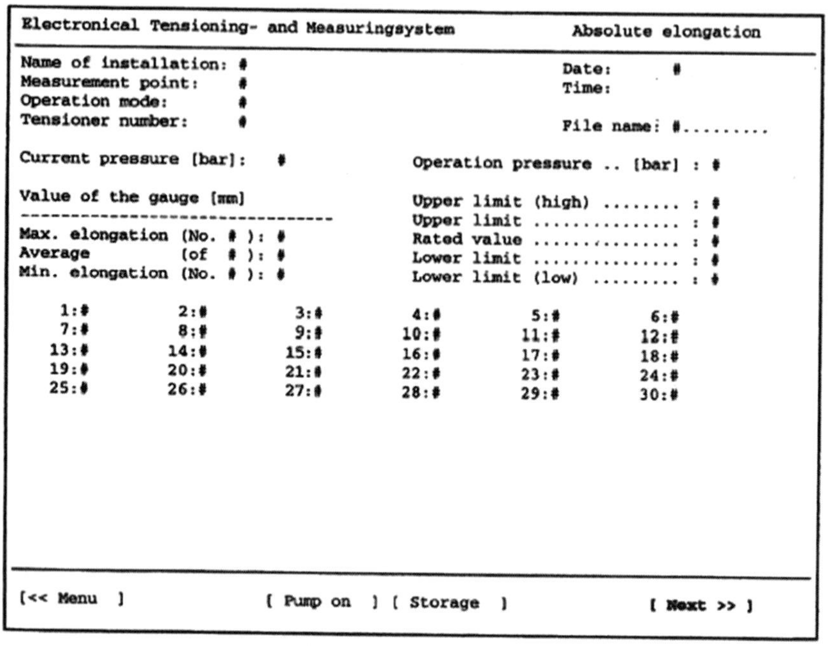

图 2-1-34　绝对拉伸量保存新值界面

当绝对拉伸量测量完毕后，按[Next]键进入剩余拉伸量的测量。

(3) 剩余拉伸量的测量

在绝对拉伸量的界面里按[Next]键后，就进入了剩余拉伸量的界面(见图 2-1-35)。在保存剩余拉伸值之前必须将 SG 螺母用力矩扳手以 50 N·m 拧紧并卸压。

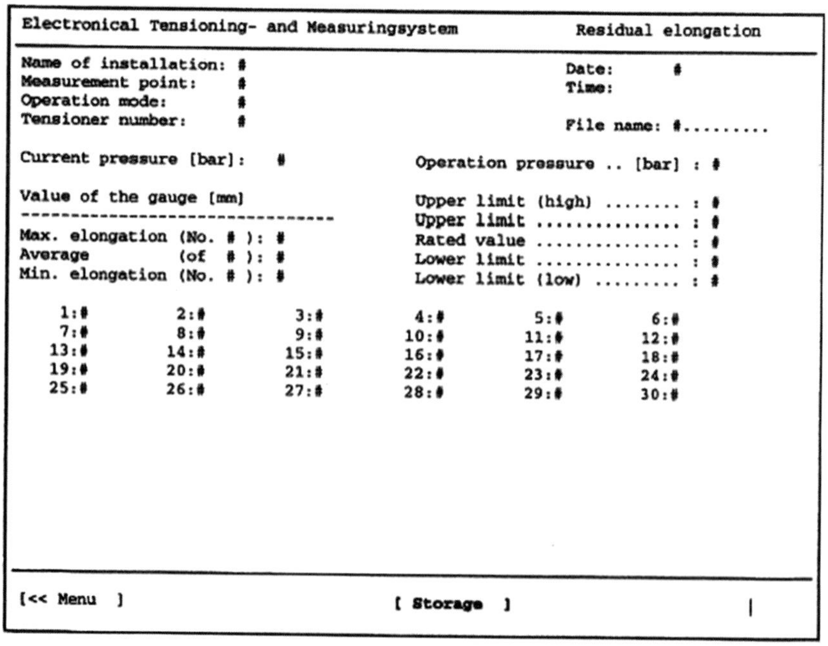

图 2-1-35　剩余拉伸量界面

返回主菜单按[Menu]键，将显示的测量值存储到机器里按[Storage]键。在按过[Storage]后显示提问："是否将原来的剩余拉伸值删除？"如图 2-1-36 所示。

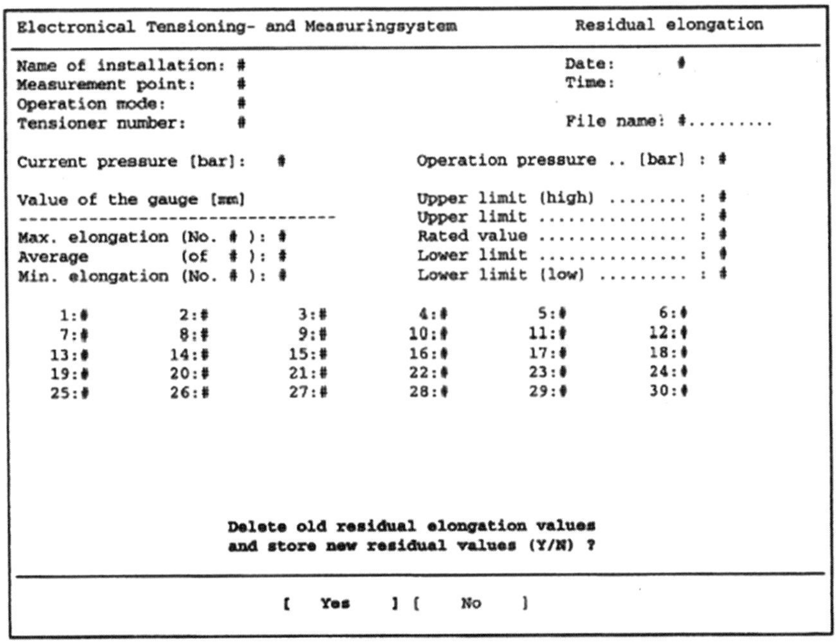

图 2-1-36　剩余拉伸量存储询问界面

在按[No]后显示基本剩余量拉伸菜单，要存储新值按[Yes]键。按下[Yes]键后，显示下一菜单，如图 2-1-37 所示。

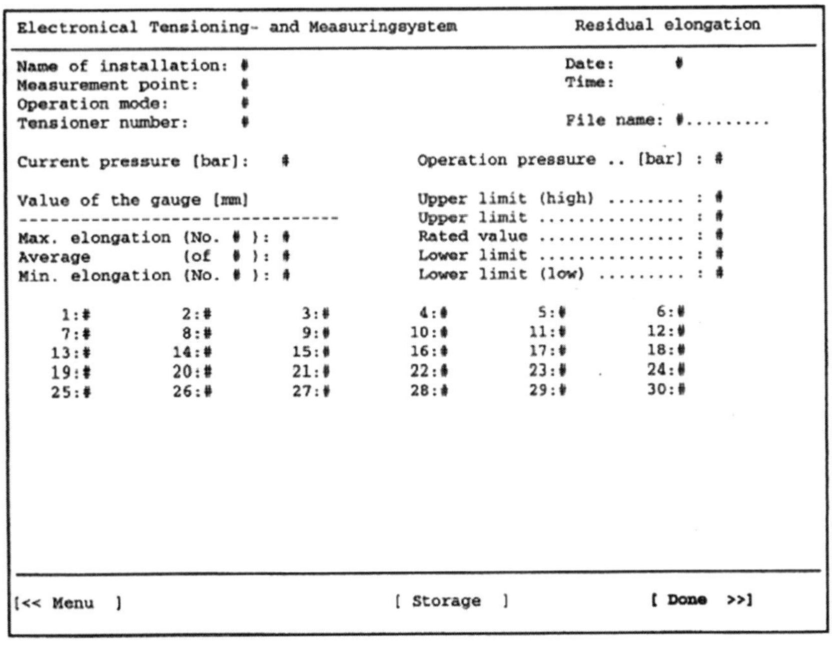

图 2-1-37　剩余拉伸量保存新值界面

继续进行下一步工作则按[Done]，在按下[Done]后显示主菜单。

(4) 打印记录

通过[Up]，[Down]键选择“Print record data”(打印记录数据)子程序。按[Next]启动子程序(见图 2-1-38)。

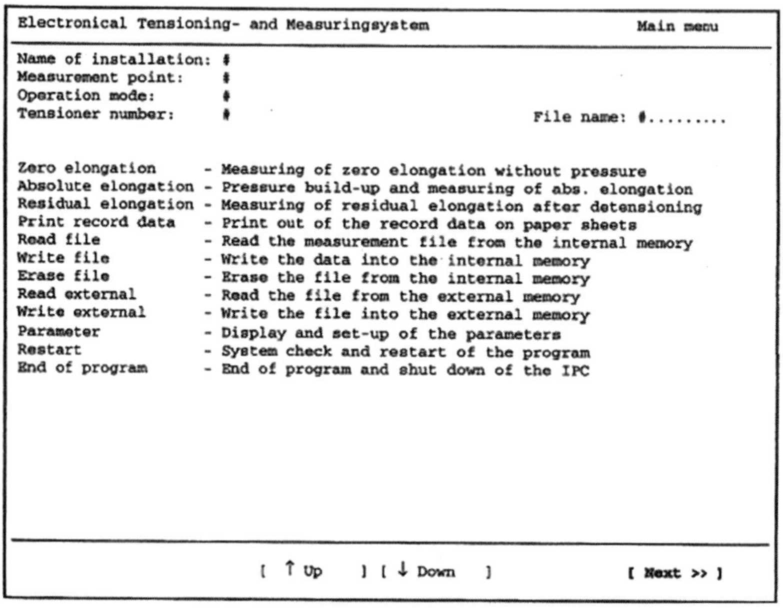

图 2-1-38 启动打印记录数据子程序

在按[Next]键确认后，打印机开始打印所记录的数据，屏幕上显示如图 2-1-39 所示的信息：The system is busy，please be patient.（系统正忙，请耐心等候。）

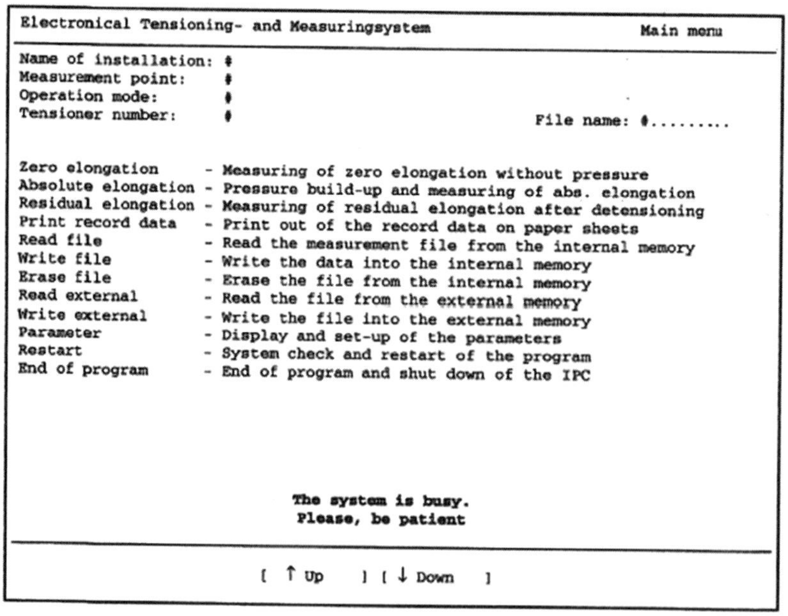

图 2-1-39 打印记录数据子程序界面

(5) 读文件

从主菜单上选择子程序“Read file”(读文件)并按[Next]进入该子程序后,显示读文件的菜单,如图 2-1-40 所示。

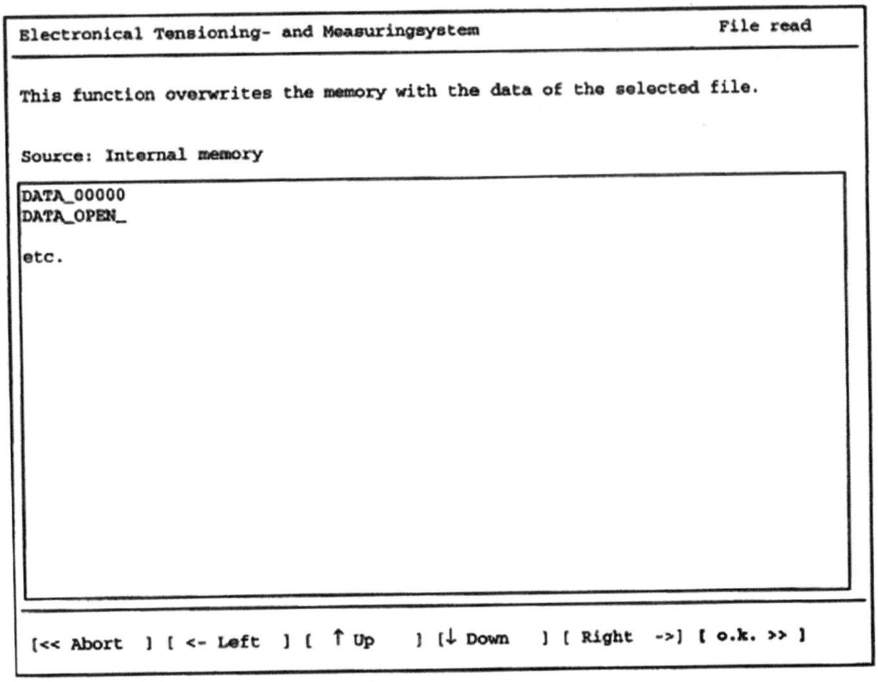

图 2-1-40　读文件界面

通过[Up],[Down],[Left],[Right]可以选择下一文件,选定文件按[Ok]键,在按下[Ok]键后,该文件被读取到计算机内,并出现主菜单。

(6) 写文件

从主菜单中选择子程序“Write file”(写文件)并按[Next]键进入该子程序后,显示下列信息:The file is already existing,overwrite existing file(Y/N)?(该文件已存在,是否覆盖原文件?)在按[Yes]确认后,将重写原文件。(见图 2-1-41)

(7) 删除文件

从主菜单选择子程序“Erase file”(删除文件)并按[Next]确认后,进入“删除文件”子程序。通过[Up],[Down],[Left],[Right]可以选择下一文件,选定文件按[Ok]键,按下[Ok]键后,出现下列信息:This function erase the selected file, are you sure(Y/N)?(本功能将删除选中的文件,是否确认?)删除选定的文件按[Yes],按下[Yes]后出现主菜单(见图 2-1-42)。

(8) 重启

在主菜单里选定子程序[Restart]并按[Next]键进入该子程序后,系统自检并在通电后就会出现如图 2-1-43 所示的菜单。

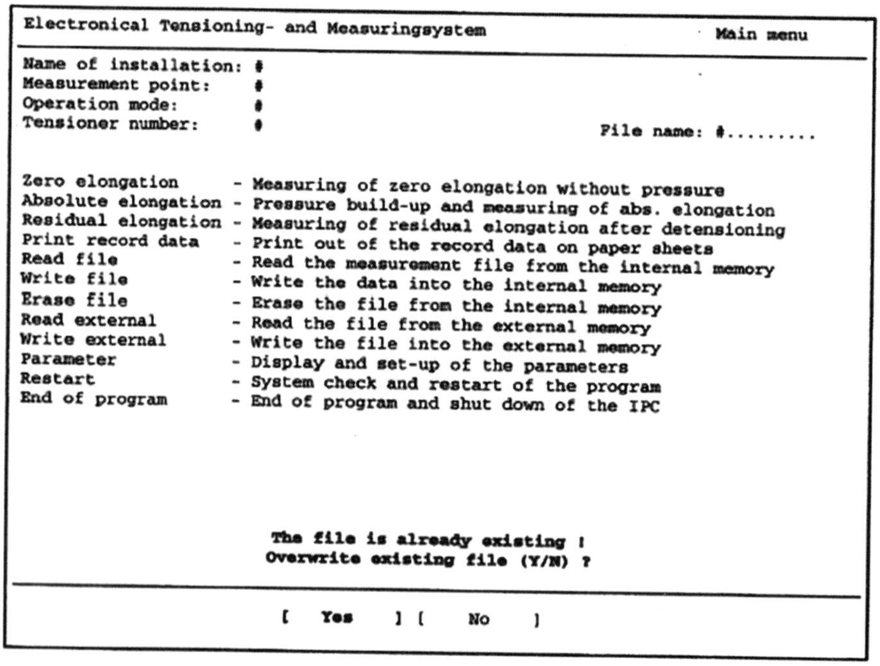

图 2-1-41 重写文件界面

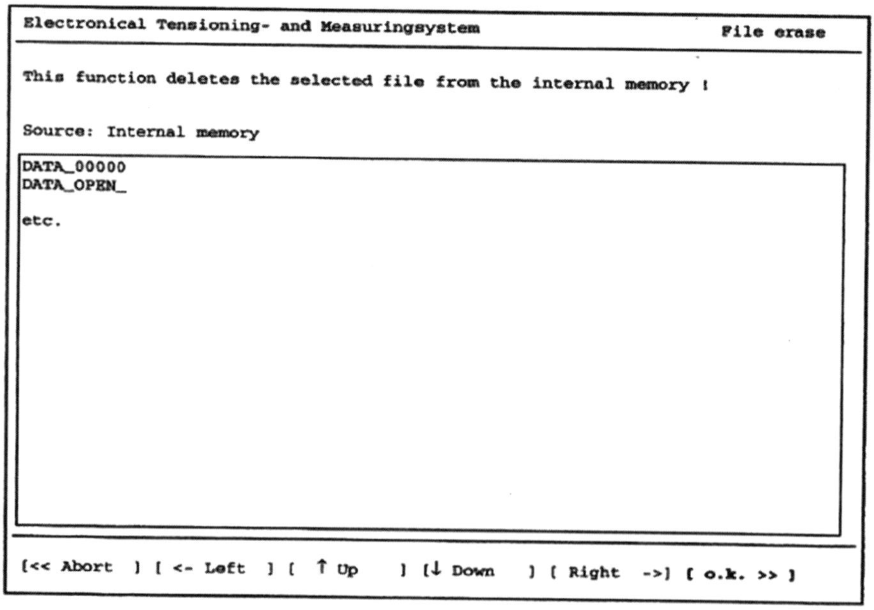

图 2-1-42 删除文件界面

```
Electronical Tensioning- and Measuringsystem                      ESM 0.2.0

            Wenutec Automationstechnik GmbH & Co. KG
                     Industriestrasse 1
                       44534 Luenen

            This program supports handling of the stud
            elongation system for steam generator.

            At first, start the check of the basic conditions of
            the whole system.
            Then follows the zero elongation, start of pressure
            build up and measurement of absolute elongation.
            At last starts the record of residual elongation.

            The record data can be print out and stored on an external
            interchangeable memory medium (Floppy disk, memory stick).

            Please ensure the connections to the tensioner
            and the measuring unit.

            Connection to the tensioner:          1
            Connection to the measuring unit:     O.K.
            Number of measuring channels:         30

[ Deutsch  ] [ English  ] [ Russian  ]                         [ Next >> ]
```

图 2-1-43　重启界面

按下[Next]键后，屏幕上就会出现主菜单。

(9) 结束程序

从主菜单中选择“End of program”(结束程序)子程序，并按[Next]键确认后，将会出现下列信息：Program stop and IPC shut down(Y/N)?（是否结束程序并关闭计算机?）按下[Yes]后，计算机将关闭(见图 2-1-44)。

```
Electronical Tensioning- and Measuringsystem                      Main menu

Name of installation: #
Measurement point:    #
Operation mode:       #
Tensioner number:     #                              File name: #.........


Zero elongation       - Measuring of zero elongation without pressure
Absolute elongation   - Pressure build-up and measuring of abs. elongation
Residual elongation   - Measuring of residual elongation after detensioning
Print record data     - Print out of the record data on paper sheets
Read file             - Read the measurement file from the internal memory
Write file            - Write the data into the internal memory
Erase file            - Erase the file from the internal memory
Read external         - Read the file from the external memory
Write external        - Write the file into the external memory
Parameter             - Display and set-up of the parameters
Restart               - System check and restart of the program
End of program        - End of program and shut down of the IPC



                          Program stop and IPC
                           shut down (Y/N) ?

                        [  Yes   ] [   No    ]
```

图 2-1-44　结束程序界面

2.1.4 蒸汽发生器螺栓拉伸机的使用

2.1.4.1 使用前的检查准备

螺栓拉伸机电脑控制箱面板如图 2-1-45 所示。

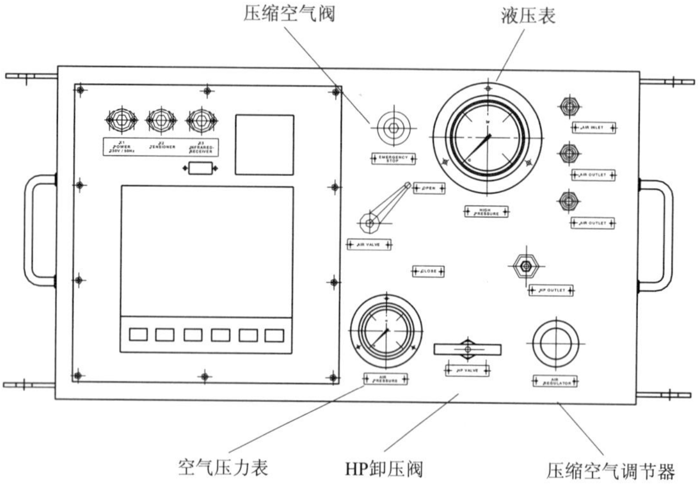

图 2-1-45 螺栓拉伸机电脑控制箱面板

空气压力表——显示实际的空气压力。

液压表——显示实际的液压值。

HP 卸压阀——向右旋为关闭此阀(升压)。

压缩空气调节器——调节空气压力。

压缩空气阀——向上扳为打开气源;向下扳为关闭气源。

在使用拉伸机前,将拉伸机、控制台、带磁性底座的红外线表头、红外系统门形支架、MST 拉伸机装载小车、MST 附件工具车等部件运输到使用场地。

检查全套液压装置:检查液压油,必要时注满油;检查空气润滑器,必要时注满油;检查用于凝结水和脏物的压缩空气过滤器。

检查测量表:检查电池电量;检查测量杆。

检查 IR(红外)接收器和控制台之间的数据传输:

1) 接通液压装置的电源。

2) 接通 IR 接收器的电源。

3) 接通测量表的电源。

4) 从主菜单中选择“measuring of zero elongation without pressure”(无压力时零伸长下的测量)。

5) 测试打印机,例如:从主菜单中选择“print out of the record data on paper sheets”(把记录的数据打印到纸上)。

2.1.4.2 蒸汽发生器一、二次侧顶盖解密封操作

(1) 电缆的连接

从工具车中取出电缆和压缩空气软管,并把它们连接到现场的电源和气源上。

(2) 安装螺母适配器

从工具车中取出20(24)个螺母适配器,并把它们套在盖板螺母上。

(3) 安装螺栓适配器

从工具车中取出20(24)螺栓适配器,用手把它们拧紧到蒸汽发生器螺栓上。

(4) 放上拉伸机

小心把拉伸机吊到螺栓适配器并下降坐落到盖板上,拉伸机液压快速接头母头朝向液压装置。

(5) 把压力源连接到液压装置

将控制台上液压管的高压出口通过高压油软管连接到拉伸环上的快速接头母头上。

(6) 打开HP卸压阀

打开控制台上的卸压阀。

(7) 安装动作螺母

从工具车中取出20(24)个动作螺母并用手把它们安装到螺栓适配器上。

(8) 重要检查

检查所有拉伸机上的拉伸活塞是否完全被压到与MST上平面平行。

如果有的活塞没有压平,则要拧动作螺母将活塞压下去。

(9) 调整动作螺母到名义尺寸

注意人孔盖板上边缘和拉伸机下边缘之间应有1.5 mm间隙,该间隙是由安装在拉伸机的下部边界中的弹簧组件造成的。

注意:在压回活塞时如果动作螺母拧得太紧,则必须把它们松一些,保持人孔盖板上边缘和拉伸机下边缘之间1.5 mm的间隙。

(10) 固定红外系统门形支架

在拉伸机上固定红外系统门形座并调整它。

(11) 安装数据电缆和电源电缆

连接液压装置和拉伸机之间、控制台和红外接收器之间的数据电缆。

(12) 安装表头

将表头安装到动作螺母顶部,开启表头,将其置零。把红外接收器放在表头红外发送器射线范围内,把发送器对准接收器。

注意:开启表时,表上应显示负值。不得显示REV(若显示可以按"+/−"键使其消失)。表头的编号应与螺栓编号相对应。当表头与接收器建立正常的联系时,红外接收器上相应的信号灯亮。

(13) 接通控制台的电源

注意:

在接通控制台的电源时,应遵守以下各条:

1) 用空气压力调节器调节所需的空气压力(在液压装置上压力表指示约4 bar)。

2) 控制台上的压缩空气阀必须关闭。

3) 控制台上的HP卸压阀必须关闭。

4) 当电力电缆连接到液压装置时,测量程序自动启动。

5) 检查显示屏上显示的参数,看其是否正确。

(14) 调整参数

分别调整相应设备的参数，在控制台面板上检查调整的值，并存储所有的值。(程序设置见 2.1.3 内容，拉伸量参数见维修程序要求值)

(15) 零点的测量

测量零点并储存所有的新零值。

(16) 升压

打开控制面板上的压缩空气阀，按控制面板上“Pump on”键，就开始逐步升压，当达到设定压力值，高压泵自动停止。

(17) 松开盖板螺母

用螺母旋转拨杆和力矩扳手(50 N·m)松开所有的盖板螺母。用测隙规(MST 的专用工具)检查是否可以通过螺母和盖板之间的支撑座底部的插槽。

注意：

在所有的螺母松开之前不得卸压。如果发生这种情况，用较高的压力重新拉伸操作，直到所有的螺母都松开(观察伸长值)。

(18) 关闭压缩空气阀

关闭控制台上的压缩空气阀。

(19) 卸压

打开控制台上的 HP 卸压阀卸压。

(20) 记录数据的打印

选择子菜单“Print record data”，打印测量值。

注意：在打印前不要忘记保存所有的测量值。

(21) 结束测量程序并切断所有装置的电源

结束测量程序并断开控制台的电源。

(22) 取下表头

取下表头并关闭其电源。

(23) 拆除数据电缆

断开控制台和拉伸机之间的数据电缆，断开控制台和红外接收器之间的数据电缆。

(24) 拆除红外线系统的门形支架

从拉伸机上拆除红外系统的门形支架。

(25) 压下拉伸机上的拉伸活塞

用动作螺母、力矩扳手和套筒压下拉伸机上所有 20(24)个拉伸活塞。

(26) 卸下动作螺母

用扳手和套筒卸下 20(24)个动作螺母，存放在工具车内。

(27) 拆除液压管

拆下控制台和拉伸机之间的高压软管并把软管存放在工具车内。

(28) 吊起拉伸机

从盖板上小心地起吊拉伸机并把它存放在运输车内。

(29) 拧下螺栓适配器

拧下 20(24)个螺栓适配器并把它们存放在工具车内。

(30) 拆除螺母适配器

从盖板螺母上拆下 20(24)个螺母适配器并把它们存放在工具车内。

(31) 拆卸电缆和压空管线

拆卸控制台和现场连接的电缆和压空管线并把它们存放在工具车中。

(32) 把所有的工具存放在工具车中

(33) 锁上运输和工具车并移走

解密封操作结束。

2.1.4.3 蒸汽发生器一、二次侧顶盖密封操作

(1) 将所有的螺栓用手拧紧到蒸汽发生器相应的螺栓孔上

(2) 拆下螺栓上测量杆螺母,露出测量杆

(3) 将所有的螺母都拧到相应的螺栓上并拧到底与顶盖接触

(4) 连接电缆和气压软管

从工具车中取出电缆和气压软管并把它们连接到现场的电源和气源上。

(5) 安装螺母适配器

从工具车中取出 20(24)个螺母适配器并把它们安装到顶盖螺母上,所有的顶盖螺母都应该拧到与顶盖上表面接触。

(6) 安装螺栓适配器

从工具车中取出 20(24)个螺栓适配器,用手把它们拧到相应的螺栓上。

(7) 吊装拉伸机

小心把拉伸机吊到螺栓适配器上方并落到顶盖上。液压快速接头母头应朝向液压装置。

(8) 连接压力源到液压装置

连接液压装置的高压出口和张力环的快速接头母头之间的高压软管。

(9) 打开 HP 卸压阀

打开控制台上的 HP 卸压阀。

(10) 安装动作螺母

从工具车取走 20(24)动作螺母并用手把它们拧在螺栓适配器上。

(11) 重要检查

检查所有拉伸机上的拉伸活塞是否完全被压到与 MST 上平面平行,如果有的活塞没有压平,则要拧动作螺母将活塞压下去。

(12) 调整动作螺母到名义尺寸

注意顶盖板上边缘和拉伸机下边缘之间应有 1.5 mm 间隙,该间隙是由安装在拉伸机的下部边界中的弹簧组件造成的。在压回活塞时如果动作螺母拧得太紧,则必须把它们松一些,保持顶盖板上边缘和拉伸机下边缘之间 1.5 mm 的间隙。

(13) 固定红外系统门形支架

在拉伸机上固定红外系统门形支架并调整它。

(14) 安装数据电缆和电源电缆

连接液压装置和拉伸机之间、控制台和红外接收器之间的数据电缆。

(15) 安装表头

将表头安装到动作螺母顶部,开启表头,将其置零。把红外接收器放在表头红外发送器射线范围内,把发送器对准接收器。

注意:开启表时,表上应显示负值。不得显示 REV(若显示可以按"+/-"键使其消失)。表头的编号应与螺栓编号相对应。当表头与接收器建立正常的联系时,红外接收器上相应的信号灯亮。

(16) 接通控制台的电源

在接通控制台的电源时,应遵守以下各条:

1) 用空气压力调节器调节所需的空气压力(在液压装置上压力表指示约 4 bar)。

2) 控制台上的压缩空气阀必须关闭。

3) 控制台上的 HP 卸压阀必须关闭。

4) 当电力电缆连接到液压装置时,测量程序自动启动。

5) 检查显示屏上显示的参数,看其是否正确。

(17) 调整参数

分别调整相应设备的参数,在控制台面板上检查调整的值,并存储所有的值。

(18) 零点的测量

测量零点并储存所有的新零值。

(19) 升压

打开控制面板上的压缩空气阀,按控制面板上"Pump on"键,就开始逐步升压,当达到设定压力值时,高压泵自动停止。

(20) 拧紧人孔盖螺母

使用螺母旋转拨杆以及力矩扳手,拧紧所有盖螺母,上紧力矩=50 N·m。

(21) 关闭压缩空气阀

关闭控制台上的压缩空气阀。

(22) 绝对拉伸量的测量

进入绝对拉伸量测量的子程序,测绝对拉伸量并存储新的绝对值。

(23) 卸压

打开控制台上的 HP 卸压阀卸压。

(24) 剩余拉伸量的测量

进入剩余拉伸量测量的子程序,测剩余拉伸量并存储新的绝对值。

(25) 检查剩余拉伸量是否满足要求

看剩余拉伸量是否在要求范围内,若不在则进行调整。

(26) 记录数据的打印

选择子菜单"Print record data",打印测量值。

注意:在打印前不要忘记保存所有的测量值。

(27) 结束测量程序并切断所有装置的电源

结束测量程序并断开控制台的电源。

(28) 取下表头

取下表头并关闭其电源。

(29) 拆除数据电缆

断开控制台和拉伸机之间的数据电缆,断开控制台和红外接收器之间的数据电缆。

(30) 拆除红外线系统的门形支架

从拉伸机上拆除红外系统的门形架。

(31) 压下拉伸机上的拉伸活塞

用动作螺母、力矩扳手和套筒压下拉伸机上所有20(24)个拉伸活塞。

(32) 卸下动作螺母

用扳手和套筒卸下20(24)个动作螺母,存放在工具车内。

(33) 拆除液压管

拆下控制台和拉伸机之间的高压软管并把软管存放在工具车内。

(34) 吊起拉伸机

从盖板上小心地起吊拉伸机并把它存放在运输车内。

(35) 拧下螺栓适配器

拧下20(24)个螺栓适配器并把它们存放在工具车内。

(36) 拆除螺母适配器

从盖板螺母上拆下20(24)个螺母适配器并把它们存放在工具车内。

(37) 拆卸电缆和压缩空气管线

拆卸控制台和现场连接的电缆和压缩空气管线并把它们存放在工具车中。

(38) 把所有的工具存放在工具车中

(39) 锁上运输和工具车并移走

密封操作结束。

2.1.4.4　蒸汽发生器人孔盖解密封操作

(1) 电缆的连接

从工具车中取出电缆和气压软管并把它们连接到现场的电源和气源上。

(2) 夹住人孔螺母及其垫圈

使用半圆形的DISK HOLDER环安装在人孔螺母紧贴顶盖部位,使人孔螺母和垫圈保持同心。

(3) 放置定距环

放置定距环1在人孔的上方,并且通过调节螺钉进行调节。如有必要,夹紧一点。

(4) 连接定距环

把定距环2推进导杆并且与4个止动螺栓相连接。

(5) 安装齿轮传动式螺母接头

从工具车上取下20个螺母适配器,并且把它们放到相应的螺母上。

(6) 安装螺栓适配器到螺栓上

检查之前双头螺柱伸出距离为251.7 mm,螺栓适配器和人孔螺母之间的间隙为4.5 mm。从工具车上取下20个螺栓适配器,用手把它们安装到人孔螺栓上。

(7) 安装拉伸装置

将螺栓拉伸机的4块安装到人孔盖板上,并将动作螺母手动带上。

（8）连接气压源到控制台

连接高压软管到控制台上的高压输出口并将各快速接头都接上。

（9）拧松调节螺钉

把调节螺钉拧松一点。

（10）打开 HP 卸压阀

（11）重要检查

检查所有拉伸机上的拉伸活塞是否完全被压到与 MST 上平面平行，如果有的活塞没有压平，则要拧动作螺母将活塞压下去。

（12）调整动作螺母到名义尺寸

注意人孔盖板上边缘和拉伸机下边缘之间应有 1.5 mm 间隙，该间隙是由安装在拉伸机的下部边界中的弹簧组件造成的。

注意：在压回活塞时如果动作螺母拧得太紧，则必须把它们松一些，保持人孔盖板上边缘和拉伸机下边缘之间 1.5 mm 的间隙。

（13）固定红外系统门形支架

在拉伸机上固定红外系统门形支架并调整它。

（14）安装数据电缆和电源电缆

连接液压装置和拉伸机之间、控制台和红外接收器之间的数据电缆。

（15）安装表头

将表头安装到动作螺母顶部，开启表头，将其置零。把红外接收器放在表头红外发送器射线范围内，把发送器对准接收器。

注意：开启表时，表上应显示负值。不得显示 REV（若显示可以按“+/－”键使其消失）。表头的编号应与螺栓编号相对应。当表头与接收器建立正常的联系时，红外接收器上相应的信号灯亮。

（16）接通控制台的电源

注意：在接通控制台的电源时，应遵守以下各条：

1）用空气压力调节器调节所需的空气压力（在液压装置上压力表指示约 4 bar）。

2）控制台上的压缩空气阀必须关闭。

3）控制台上的 HP 卸压阀必须关闭。

4）当电力电缆连接到液压装置时，测量程序自动启动。

5）检查显示屏上显示的参数，看其是否正确。

（17）调整参数

分别调整相应设备的参数，在控制台面板上检查调整的值，并存储所有的值。

（18）零点的测量

测量零点并储存所有的新零值。

（19）升压

打开控制面板上的压缩空气阀，按控制面板上“Pump on”键，就开始逐步升压，当达到设定压力值，高压泵自动停止。

（20）松开盖板螺母

用螺母旋转装置和力矩扳手松开所有的盖板螺母。直到用测隙规（MST 的专用工具）

可以通过螺母和盖板之间的支撑座底部的槽插入。

注意:在所有的螺母松开之前不得卸压。如果发生这种情况,用较高的压力重新拉伸操作直到所有的螺母都松开(观察伸长值)。

(21) 关闭压缩空气阀

关闭控制台上的压缩空气阀。

(22) 卸压

打开控制台上的 HP 卸压阀卸压。

(23) 记录数据的打印

选择子菜单“Print record data”,打印测量值。

注意:在打印前不要忘记保存所有的测量值。

(24) 结束测量程序并切断所有装置的电源

结束测量程序并断开控制台的电源。

(25) 取下表头

取下表头并关闭其电源。

(26) 拆除数据电缆

断开控制台和拉伸机之间的数据电缆,断开控制台和红外接收器之间的数据电缆。

(27) 拆除红外线系统的门形支架

从拉伸机上拆除红外系统的门形支架。

(28) 压下拉伸机上的拉伸活塞

用动作螺母、力矩扳手和套筒压下拉伸机上所有 20(24)个拉伸活塞。

(29) 卸下动作螺母

用扳手和套筒卸下 20(24)个动作螺母,存放在工具车内。

(30) 拆除液压管

拆下控制台和拉伸机之间的高压软管并把软管存放在工具车内。

(31) 吊起拉伸机

从盖板上小心地起吊拉伸机并把它存放在运输车内。

(32) 拧下螺栓适配器

拧下 20(24)个螺栓适配器并把它们存放在工具车内。

(33) 拆除螺母适配器

从盖板螺母上拆下 20(24)个螺母适配器并把它们存放在工具车内。

(34) 拆卸电缆和压空管线

拆卸控制台和现场连接的电缆和压空管线并把它们存放在工具车中。

(35) 把所有的工具都存放在工具车中

(36) 锁上运输和工具车并移走

开盖操作结束。

2.1.4.5 蒸汽发生器人孔盖密封操作

(1) 电缆的连接

从工具车中取出电缆和气压软管并把它们连接到现场的电源和气源上。

(2) 人孔螺栓已经拧入人孔法兰螺栓孔内,垫片及螺母已经用手带紧

(3) 夹住人孔螺母及其垫圈

使用半圆形的 DISK HOLDER 环安装在人孔螺母紧贴顶盖部位,使人孔螺母和垫圈保持同心。

(4) 放置定距环

放置定距环 1 在人孔的上方,并且通过调节螺钉进行调节。如有必要,夹紧一点。

(5) 连接定距环

把定距环 2 推进导杆并且与 4 个止动螺栓相连接。

(6) 安装齿轮传动式螺母接头

从工具车上取下 20 个螺母适配器,并且把它们放到相应的螺母上。

(7) 安装螺栓适配器到螺栓上

检查之前双头螺柱伸出距离为 251.7 mm,螺栓适配器和人孔螺母之间的间隙为 4.5 mm。从工具车上取下 20 个螺栓适配器,用手把它们安装到人孔螺栓上。

(8) 安装拉伸装置

将螺栓拉伸机的 4 块安装到人孔盖板上,并将动作螺母手动带上。

(9) 连接气压源到控制台

连接高压软管到控制台上的高压输出口并将各快速接头都接上。

(10) 拧松调节螺钉

把调节螺钉拧松一点。

(11) 打开 HP 卸压阀

(12) 重要检查

检查所有拉伸机上的拉伸活塞是否完全被压到与 MST 上平面平行。如果有的活塞没有压平,则要拧动作螺母将活塞压下去。

(13) 调整动作螺母到名义尺寸

注意人孔盖板上边缘和拉伸机下边缘之间应有 1.5 mm 间隙,该间隙是由安装在拉伸机的下部边界中的弹簧组件造成的。在压回活塞时如果动作螺母拧得太紧,则必须把它们松一些,保持人孔盖板上边缘和拉伸机下边缘之间 1.5 mm 的间隙。

(14) 固定红外系统门形支架

在拉伸机上固定红外系统门形支架并调整它。

(15) 安装数据电缆和电源电缆

连接液压装置和拉伸机之间、控制台和红外接收器之间的数据电缆。

(16) 安装表头

将表头安装到动作螺母顶部,开启表头,将其置零。把红外接收器放在表头红外发送器射线范围内,把发送器对准接收器。

注意:开启表时,表上应显示负值。不得显示 REV(若显示可以按“+/−”键使其消失)。表头的编号应与螺栓编号相对应。当表头与接收器建立正常的联系时,红外接收器上相应的信号灯亮。

(17) 接通控制台的电源

在接通控制台的电源时,应遵守以下各条:

1）用空气压力调节器调节所需的空气压力（在液压装置上压力表指示约 4 bar）。

2）控制台上的压缩空气阀必须关闭。

3）控制台上的 HP 卸压阀必须关闭。

4）当电力电缆连接到液压装置时，测量程序自动启动。

5）检查显示屏上显示的参数，看其是否正确。

（18）调整参数

分别调整相应设备的参数，在控制台面板上检查调整的值，并存储所有的值。

（19）零点的测量

测量零点并储存所有的新零值。

（20）升压

打开控制面板上的压缩空气阀，按控制面板上“Pump on”键，就开始逐步升压，当达到设定压力值，高压泵自动停止。

（21）拧紧人孔盖螺母

使用螺母旋转装置以及力矩扳手拧紧所有盖螺母，上紧力矩＝50 N·m。

（22）关闭压缩空气阀

关闭控制台上的压缩空气阀。

（23）绝对拉伸量的测量

进入绝对拉伸量测量的子程序测绝对拉伸量并存储新的绝对值。

（24）卸压

打开控制台上的 HP 卸压阀卸压。

（25）测量剩余拉伸量

进入剩余拉伸量测量的子程序测剩余拉伸量并存储新的绝对值。

（26）剩余拉伸量是否满足要求

看剩余伸长量是否在要求范围内，若不在则进行调整。

（27）记录数据的打印

选择子菜单“Print record data”，打印测量值。

注意：在打印前不要忘记保存所有的测量值。

（28）结束测量程序并切断所有装置的电源

结束测量程序并断开控制台的电源。

（29）取下表头

取下表头并关闭其电源。

（30）拆除数据电缆

断开控制台和拉伸机之间的数据电缆，断开控制台和红外接收器之间的数据电缆。

（31）拆除红外线系统的门形支架

从拉伸机上拆除红外系统的门形架。

（32）压下拉伸机上的拉伸活塞

用动作螺母、力矩扳手和套筒压下拉伸机上所有 20 个拉伸活塞。

（33）卸下动作螺母

用扳手和套筒卸下 20 个动作螺母，存放在工具车内。

(34) 拆除液压管

拆下控制台和拉伸机之间的高压软管,并把软管存放在工具车内。

(35) 吊起拉伸机

从盖板上小心地起吊拉伸机并把它存放在运输车内。

(36) 拧下螺栓适配器

拧下 20 个螺栓适配器并把它们存放在工具车内。

(37) 拆除螺母适配器

从盖板螺母上拆下 20 个螺母适配器并把它们存放在工具车内。

(38) 拆卸电缆和压空管线

拆卸控制台和现场连接的电缆和压空管线并把它们存放在工具车中

(39) 把所有的工具都存放在工具车中

(40) 锁上运输和工具车并移走

密封操作结束。

2.2 ПГВ-1000М 型蒸汽发生器集流管专用密封堵板工具

为了保证机组大修期间对蒸汽发生器传热管涡流检查的顺利进行,避免由于装卸料升水位对传热管涡流检查产生影响,需在传热管吹扫完毕、涡流检查前在蒸汽发生器一回路集流管内临时安装密封堵板。田湾核电站使用的为俄罗斯水压设计院设计制造的 484 型机械密封堵板。

2.2.1 国内各核电站使用的蒸汽发生器堵板的简介

无论是卧式蒸汽发生器还是立式蒸汽发生器,在大修期间均需要使用密封堵板。密封一般通过两种途径实现,一是给橡胶气囊充气进行密封,二是挤压密封橡胶板进行密封。

(1) 秦山一期

秦山一期采用的是立式蒸汽发生器,共 2 台。蒸汽发生器一回路人孔打开后,工作人员进入底封头,在主管道管口安装堵板。在主管道管口设计有法兰,法兰上共有 16 个螺栓孔,堵板为 3 瓣,通过螺栓与管口法兰连接,压紧胶皮进行密封,同时起到防异物的作用。秦山一期密封堵板见图 2-2-1。

图 2-2-1 秦山一期密封堵板

(2) 秦山二期

秦山二期采用的是立式蒸汽发生器,每个机组有 2 台。蒸汽发生器一回路人孔打开后,工作人员进入蒸汽发生器底封头,安装主管道堵板。它采用的是美国 Scientec 公司生产的堵板。整套堵板包括密封胶皮、堵板、控制单元等部分。秦山二期密封堵板见图 2-2-2。

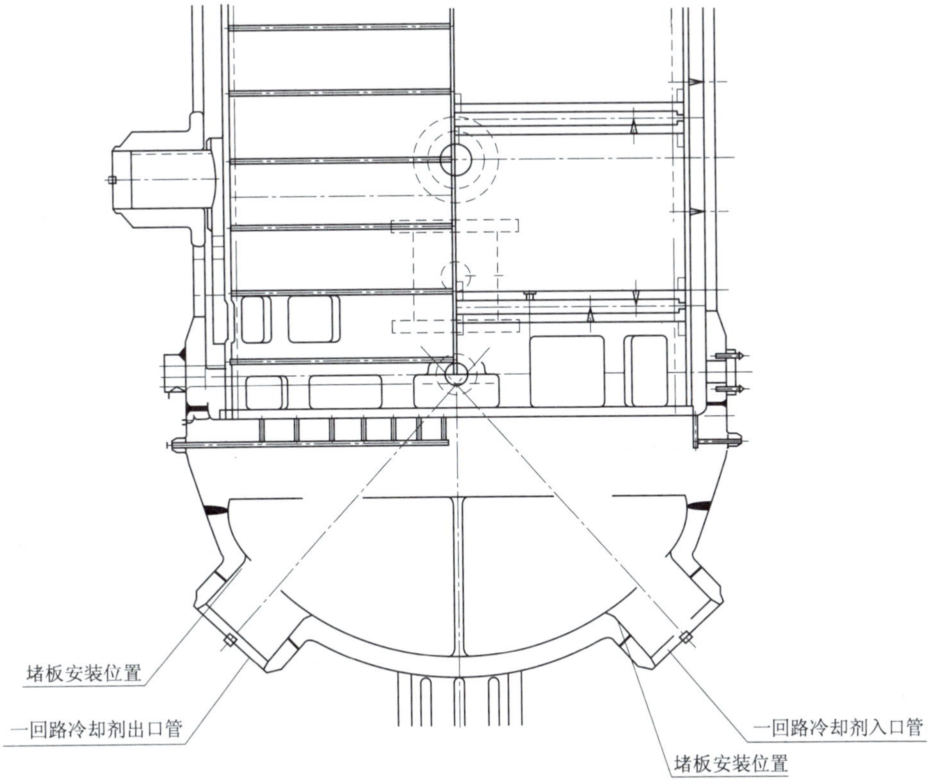

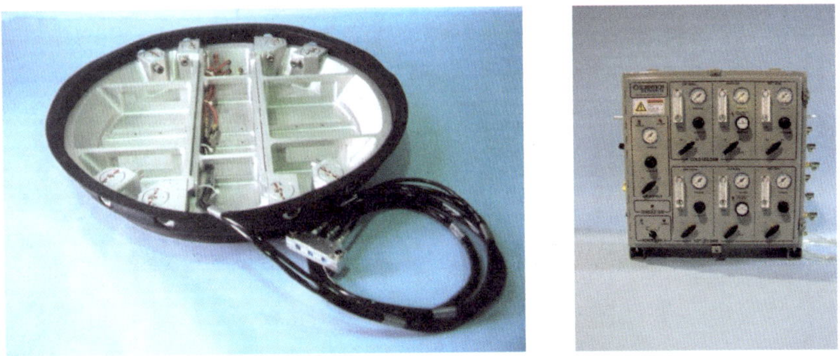

图 2-2-2　秦山二期密封堵板

(3) 大亚湾核电站

大亚湾核电站采用的是立式蒸汽发生器，每个机组有 3 台。一回路集流管与蒸汽发生器相接的部分设计有一个法兰。在十年大修时，一回路需要升水位，这时在法兰处安装的是一个充气式的堵板(其基本原理与秦山二期堵板相同)。该堵板是由法玛通(FRAMATOME-ANP SERVICES)为法玛通生产的立式蒸汽发生器专门提供的，它需要使用原设计预留的法兰，用 10 颗螺栓固定。大亚湾核电站密封堵板见图 2-2-3。

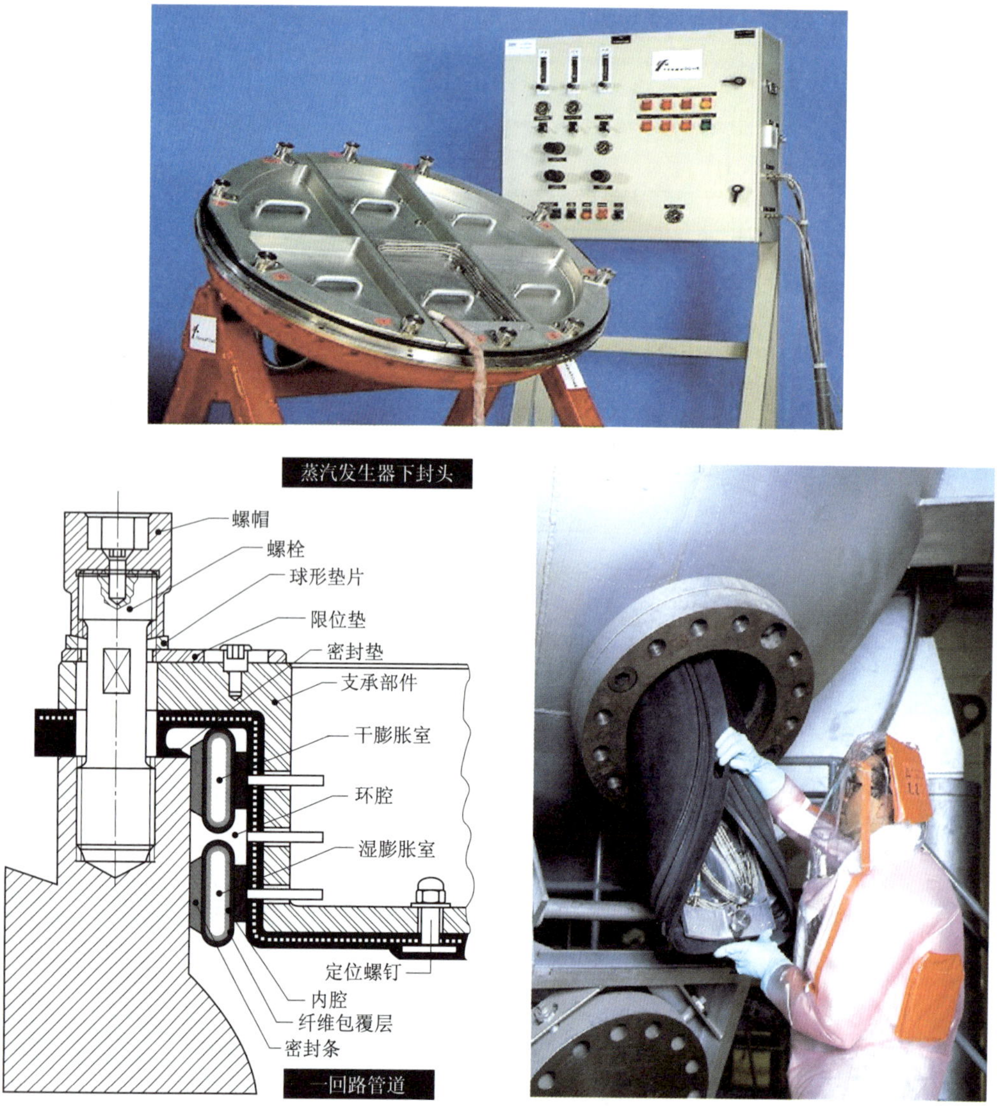

图 2-2-3　大亚湾核电站密封堵板

2.2.2　田湾核电站蒸汽发生器集流管专用密封堵板工具

田湾核电站蒸汽发生器集流管专用密封堵板主要由基板、橡胶皮碗、柱塞板、盖板、紧固螺栓组成，配合专用长杆及吊装工具将上述部件逐步安装至集流管内，通过紧固螺栓使金属板对两层橡胶皮碗产生挤压，橡胶皮碗受力挤压后和集流管壁接触，形成两道密封边界。安装完毕后通过基板上的打压螺栓孔对两道密封腔内进行水压试验，验证堵板安装后的密封性能。堵板安装位置见图 2-2-4。

2.2.2.1　堵板的基本组成部件

俄供堵板的组成见图 2-2-5。

1) 基板(数量:1)——由合叶连接的分成两半的圆盘,在其上部固定了 12 个紧固螺栓,其中两个螺栓还用于检测密封性,一个螺栓用于从集流管堵板底部排气。基板安装在最底部,边缘突出部分与蒸汽发生器集流管凹槽相配合固定。

2) 橡胶皮碗(数量:2)——厚度为 12 mm 的反射性稳定的橡胶圆盘,上面有对应于基板螺栓的孔和运输皮碗的螺钉。安装在基板和柱塞板上,用于形成密封环腔。

3) 柱塞板(数量:1)——由合叶连接的两半,安装在两个皮碗中间,板上表面有四个螺纹孔以便用于吊装杆的安装。

4) 盖板(数量:1)——由合叶连接的两半,安装在最上部,盖板上表面有四个螺纹孔以便于专用吊装杆的安装。

2.2.2.2　拆装堵板及打压试验所需主要工具

拆装堵板及打压试验所需要主要工具如下:

1) 电动葫芦一台、电动卷扬机一台及卷扬机所配套的长杆工具连接支架(见图 2-2-6)。

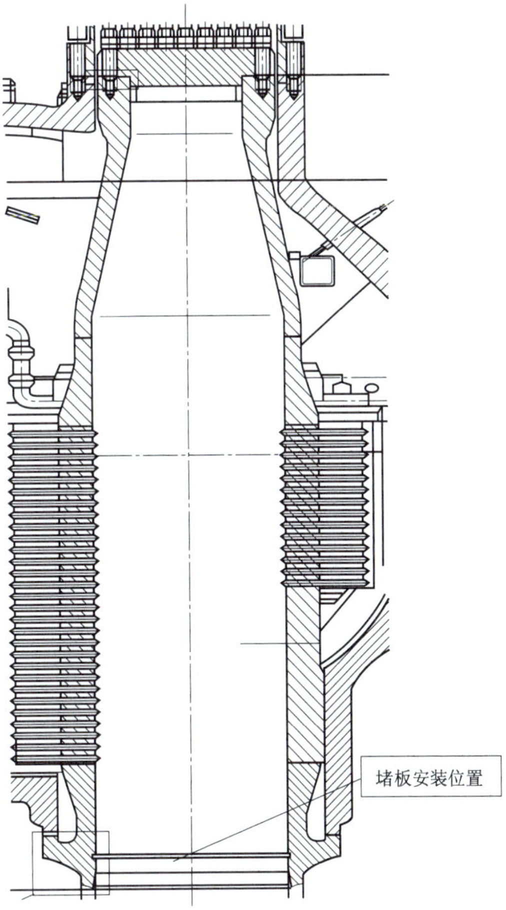

图 2-2-4　堵板安装位置

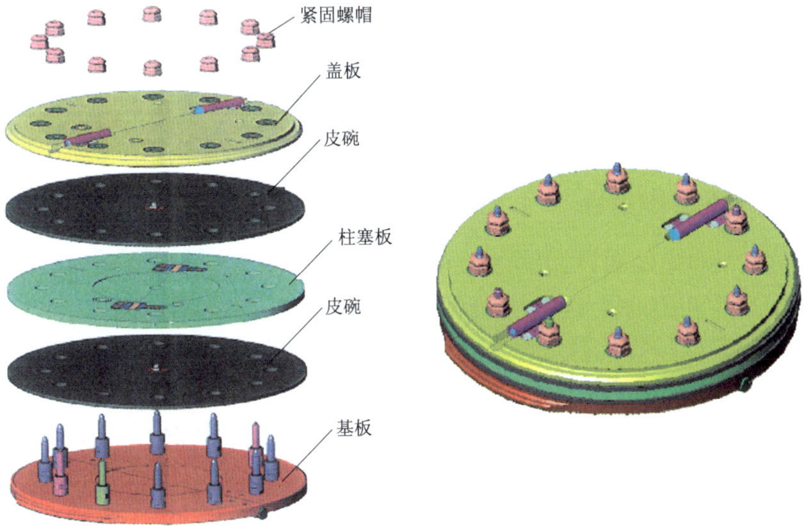

图 2-2-5　俄供堵板组成

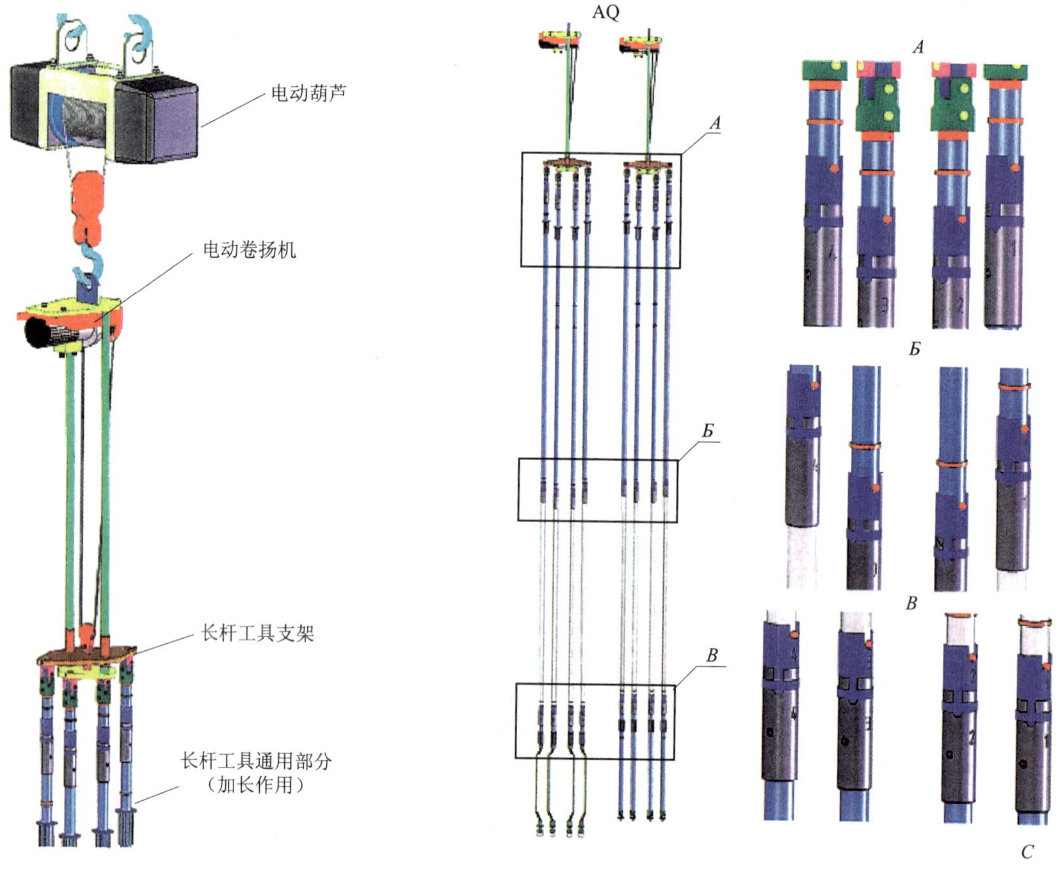

图 2-2-6　电动葫芦及长杆工具连接部件

2）基板专用吊杆一套、柱塞板和盖板专用吊杆一套、皮碗安装长杆工具一套。

3）锁紧螺帽存放架一台、锁紧螺帽取用及紧固长杆工具一套、锁紧螺帽力矩紧固长杆工具一套。

4）打压注水及排气长杆工具一套、水箱、压力表、脚踏升压装置。

专用长杆工具及打压螺杆见图 2-2-7。

2.2.3 堵板安装操作步骤

1）在组装区域将电动葫芦、电动卷扬机及长杆工具通用加长部分按照图 2-2-6（第一个图示）所示组装完毕并测试可靠性；电动葫芦、电动卷扬机的吊钩与限位之间应留有 40 cm 左右的长度（导链长度），防止因电源反相等因素引起吊钩超限位动作，损坏电动葫芦和卷扬机。

2）将吊装基板的专用长杆工具和通用部分连接（注意按照钢印号码 1、2、3、4 互相对应），螺纹连接部位涂膜二硫化钼润滑脂。

3）用开口扳手拆卸基板上钢号为 1、2、8 柱销螺栓（其余螺栓电焊），分别在钢号 1、2、8 柱销螺栓上端装入橡胶垫片备件，只在钢号 1 的柱销螺栓下端装入橡胶垫片，在其余螺栓上部安装橡胶密封垫片；在 1、2、8 三个柱销螺栓内部带弹簧螺钉上安装 O 形密封圈（见图 2-2-7）。

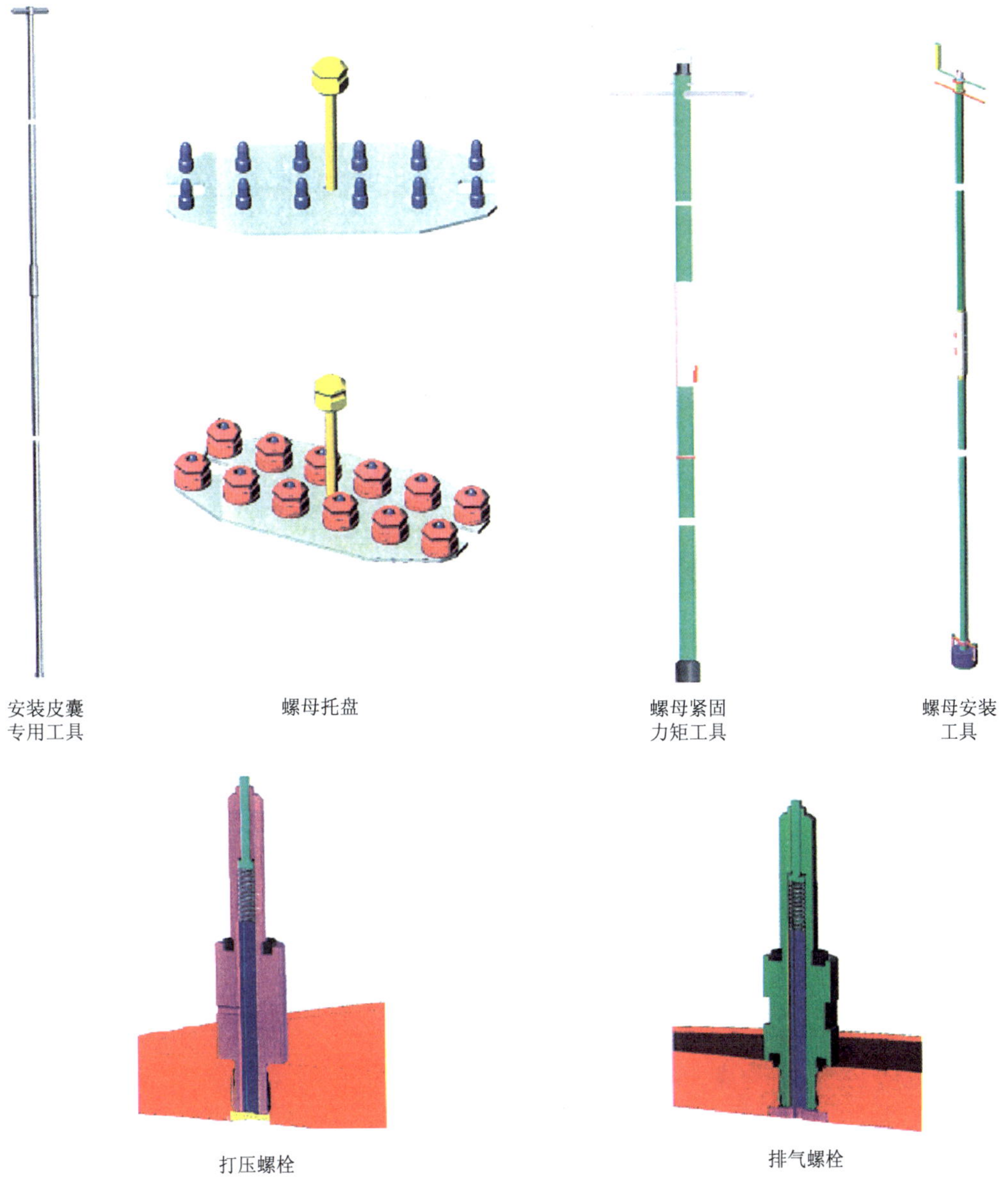

图 2-2-7　专用长杆工具及打压螺栓

4）按照图 2-2-8 所示，将组装好的基板长杆工具和基板上对应的螺栓相连接，长杆 1 对应装在基板钢印号 12 的螺栓上，长杆 4 对应装在基板钢印号 9 的螺栓上，长杆 2 对应装在基板钢印号 4 的螺栓上，长杆 3 对应装在基板钢印号 5 的螺栓上（注意：长杆 1、4 为可活动的，工具螺纹部分拧紧后回退 1～1.5 圈，调整状态，长杆凸出的部分向外以便打开）。

5）吊钩起吊，通过人力的调配，两半板呈 45°，继续起吊后，两半板自动合拢（见图 2-2-9）。

6）将基板放于集流管内，小心轻放，下落吊钩，此时注意，在 2 根不动长杆上有标尺刻度，并注明有“O”、“K”字样对应集流管法兰边缘已安装好的位置指示器（见图 2-2-10）。

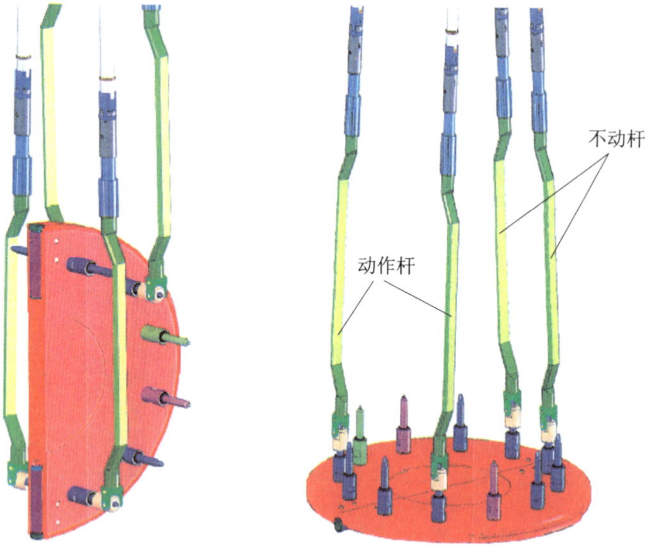

图 2-2-8 长杆工具和基板的连接及翻转状态

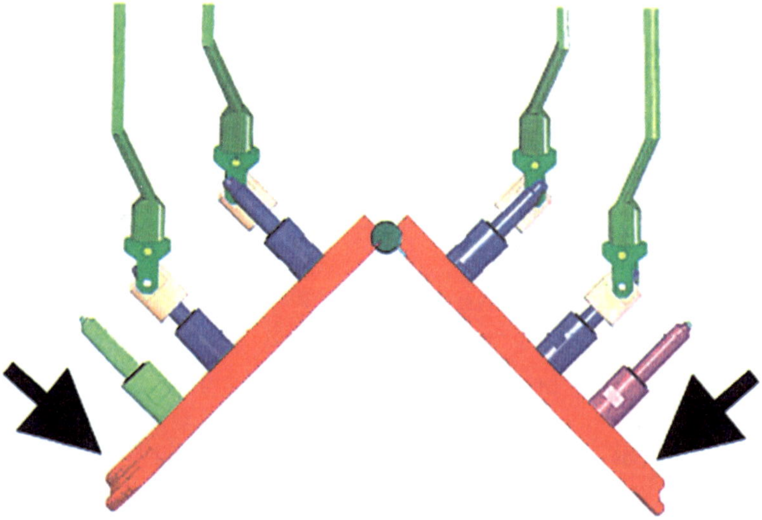

图 2-2-9 基板翻转合拢状态

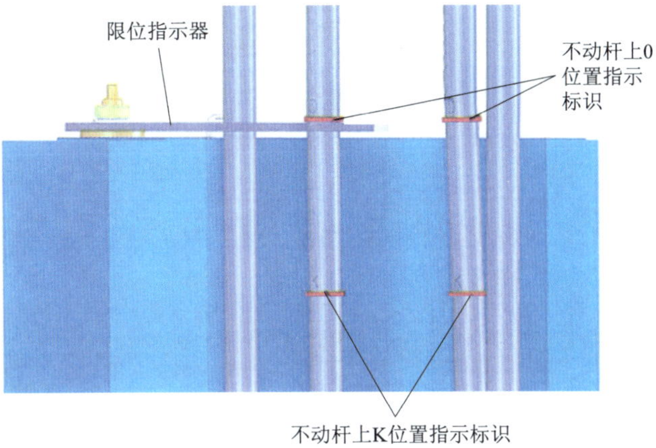

图 2-2-10 基板到位后限位指示

7）基板在集流管内安装，当“K”指示到位时开始展开基板，当“O”字母指示到位后，标示基板基本到安装位置，观察基板外凸缘部分已装入集流管凹槽（见图 2-2-11）。

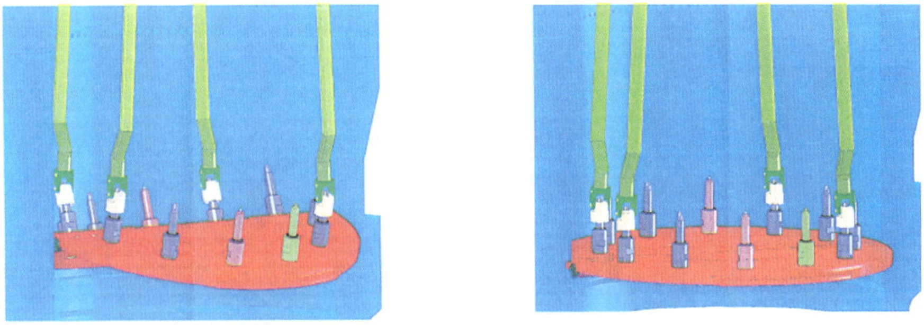

（a） （b）

图 2-2-11 基板展开过程

（a）基板安装展开过程；（b）基板水平安装状态

8）拆除杆1、杆2、杆3、杆4上端的活接头，将长杆从基板上拆除后，与活接头再次相连，起吊钩，吊出长柄工具。

9）在基板上表面洒少许硼水。

10）用专用加长杆拧到皮碗中心螺母上，手动将皮碗放置在基板上，拆除专用加长杆，并用它检查皮碗安装的平整度，在皮碗上洒少许硼水。

11）更换用于吊装柱塞板和盖板的第二套长杆工具，并将长杆和螺栓连接，此时需注意，柱塞板上的位置，有一处为2环，标识为1号；有一处为1环，标识为4号；有两处为无环，以1号开始顺时针方向与连接长杆工具连接；拧紧后，回退1～1.5圈；检查长杆打开后的状态和角度沿中心轴向30°～60°（见图 2-2-12 和图 2-2-13）。

12）提升移动杆，将柱塞板合拢后小心轻放到集流管内，注意位置指示器上的标示为“K”位时开始展开。

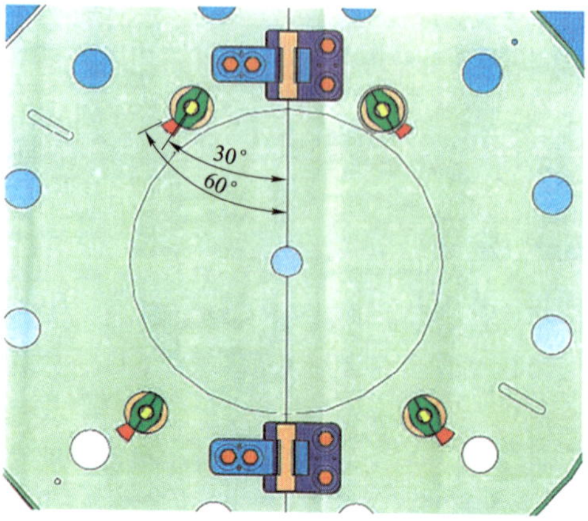

图 2-2-12 长杆工具和柱塞板连接角度位置示意

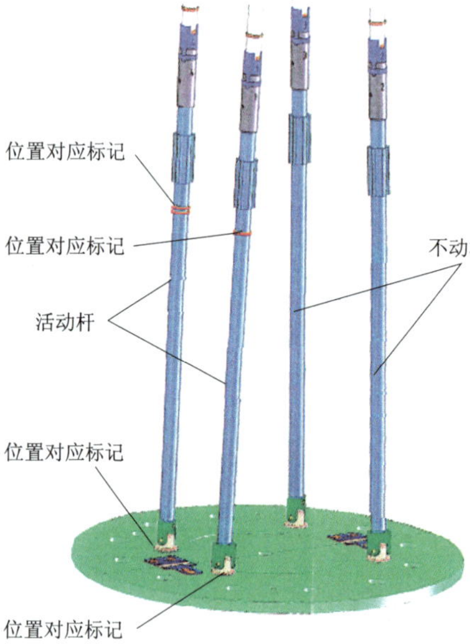

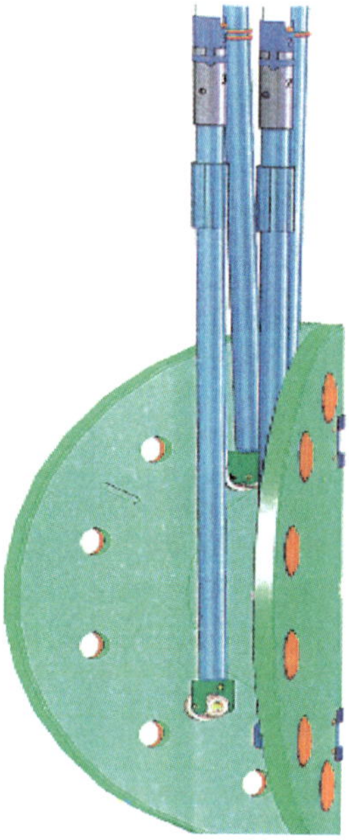

图 2-2-13 长杆工具和柱塞板连接展开和折叠状态

13）将柱塞板展开，放置在基板上的皮碗上部，注意安装位置符合图 2-2-14 要求（位置指示槽在指示螺栓中间）。

14）松开长杆工具与柱塞板的连接，在柱塞板上洒少量硼水。

15）用专用加长杆拧到皮碗中心螺母上，手动将皮碗放置在基板上，拆除专用加长杆，并用它检查皮碗安装的平整度，在皮碗上洒少许硼水。

16）使用吊装盖板的长杆工具，将长杆和螺栓连接，此时需注意，盖板上的位置，有一处为 2 环，标识为 1 号；有一处为 1 环，标识为 4 号；有两处为无环，以 1 号开始顺时针方向与连接长杆工具连接；拧紧后，回退 1～1.5 圈；检查长杆打开后的状态和角度（见图 2-2-12～图 2-2-15）。

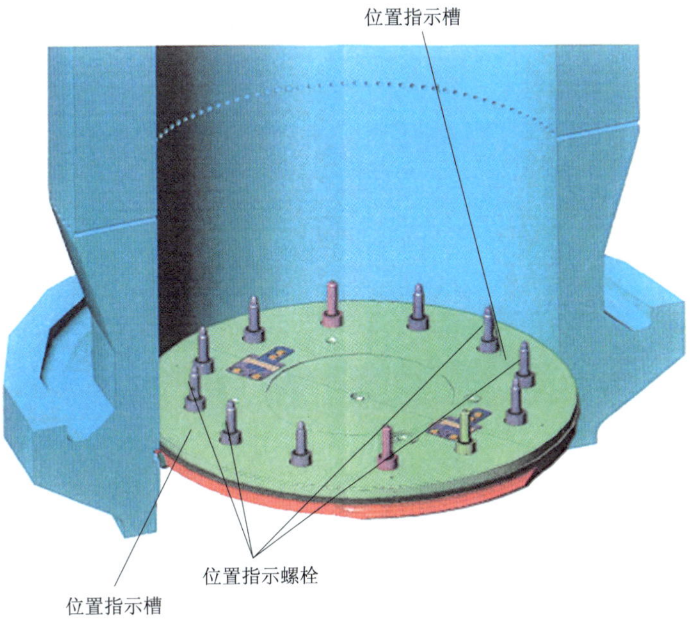

图 2-2-14 柱塞板安装位置

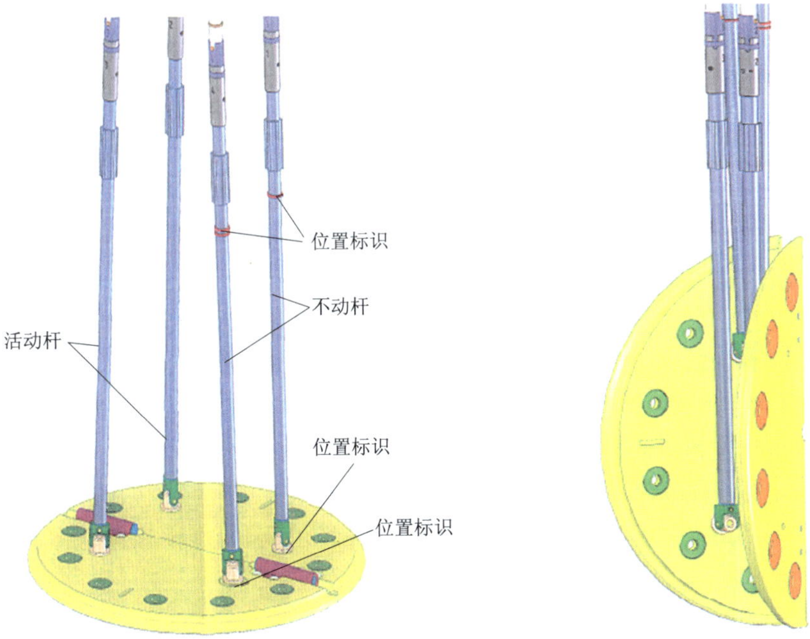

图 2-2-15 长杆工具和盖板连接展开和折叠状态示意

17）将盖板吊入集流管并展开，放置在柱塞板上的皮碗上部，注意安装位置符合图 2-2-16 要求（位置指示槽在指示螺栓中间）。

18）松开长杆工具与盖板的连接，并将吊具提升放置在组装场地。

19）使用专用螺母紧固长杆工具，将帽栓架手动放入盖板上部。

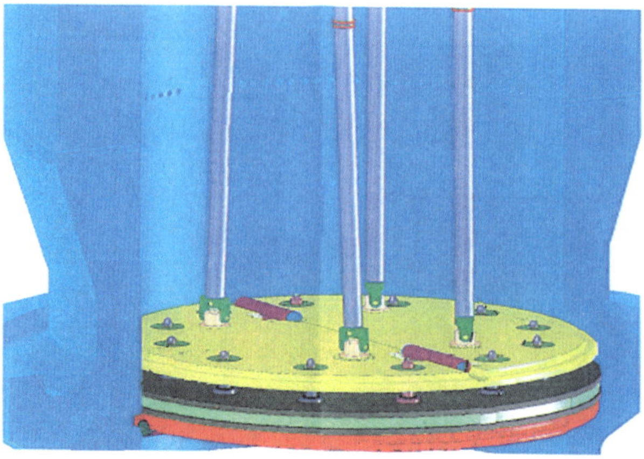

图 2-2-16 盖板安装位置

20）使用专用螺母紧固长杆工具，将螺栓架上的 12 颗螺帽分别取下，并拧入相应的螺栓上。

21）使用螺母力矩专用长杆工具，采用十字对称方式对 12 颗螺帽进行力矩紧固（力矩设定为 150 N·m）。

2.2.4 堵板水压试验操作步骤

在堵板安装完毕后，为了验证堵板安装后的密封性能，需要对堵板内两层橡胶皮碗之间的密封腔的密封性能进行水压检验。堵板工作压力为 0.1 MPa，设计压力 0.29 MPa，水压试验压力为 0.24 MPa，设计要求工作压力下允许的泄漏量不大于 1 L/h。

1）将打压用长杆工具及打压水箱、脚踏升压泵等打压工具按照图 2-2-17 安装组装。

2）将打压用长杆工具与两颗对称布置用于水压试验的特殊螺栓相连接。

3）在水箱内装满打压用硼水。

4）用脚踏升压泵通过连接的长杆向两层皮碗中间注入硼水，直到排气杆软管出水为止，并将排气长杆拆除。

5）继续升压，到压力表指示为 0.24 MPa 停止。保压 10 min，若无压降，则打压合格。将打压时间、压力及相关情况记录在表格中。

6）打压合格后，进行卸压并拆除所有工具。

注意：在一回路水位升到高水位后，使用排气长杆工具，通过排气螺栓将堵板下部空气排除。

2.2.5 田湾核电站蒸汽发生器集流管专用密封堵板拆除操作步骤

1）使用螺母力矩专用长杆工具，采用十字对称方式将 12 颗螺帽拧松（力矩大于 150 N·m），注意先将 3 颗打压排气用螺帽拧松。

2）使用专用螺母紧固长杆工具将松动的螺栓取出并安装在螺栓架上，将螺栓架提出集流管。

3）使用吊装盖板的长杆工具，将长杆和螺栓连接，此时，需注意，盖板上的位置（有 2 个

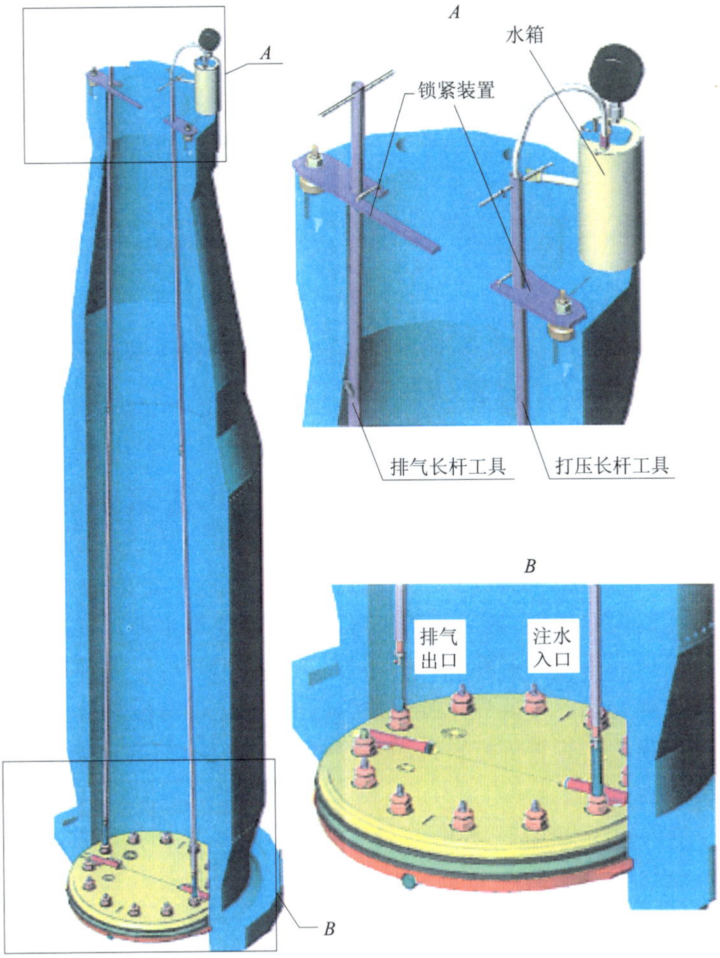

图 2-2-17　打压工具的组装示意

环形标识的安装 1 号长杆工具，有一个环形标识的安装 4 号长杆工具，有两处为无环行标识则从 1 号开始以顺时针方向安装 2 号、3 号长杆工具）。注意长杆工具拧紧后回退 1～1.5 圈，检查长杆工具打开后的状态和角度沿中心轴向 30°～60°。

4）提升盖板，在集流管内部提升可移动长杆并将盖板翻转竖直折叠，提出集流管。

5）使用长杆工具将皮碗取出。

6）重复 3)将柱塞板从集流管内取出。

7）使用长杆工具将皮碗取出。

8）将吊装基板所用的长杆工具和基板上的柱销螺栓相连接（见图 2-2-18），长杆工具的螺纹部分拧紧后应回退 1～1.5 圈（调整状态，长杆凸出的部分朝外）。注意：拆除基板和安装基板时 1 号、4 号长杆工具与柱销螺栓的连接部位不一样，长杆 1 对应装在基板的钢号 11 上，长杆 4 对应装在基板的钢号 10 上。

9）利用卷扬机和长杆工具在集流管内部缓慢提基板，将基板在集流管内折叠竖直后提出集流管。

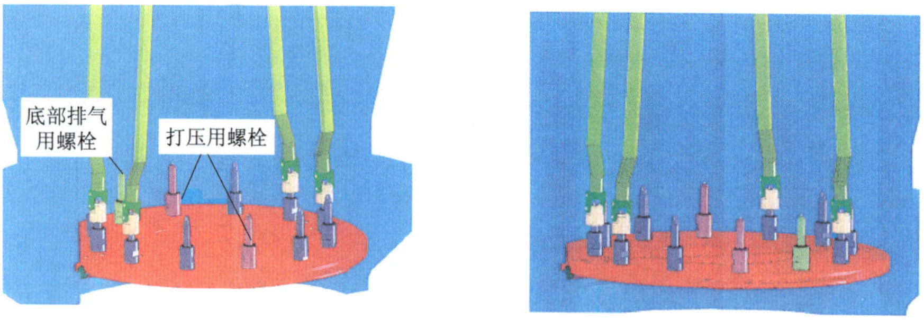

(a)　　　　　　(b)

图 2-2-18 基板安装和拆除时长杆工具的连接部位
(a) 拆除时的连接;(b) 安装时的连接

2.3 ПГВ-1000М 型蒸汽发生器机械堵管成套设备

在核电站正常运行过程中,蒸汽发生器传热管由于材料本身的缺陷或者不溶性腐蚀产物的作用,容易产生腐蚀和破裂,最终导致泄漏。泄漏会使得主冷却剂通过漏点进入给水蒸汽循环系统,造成二回路系统放射性强度的增加,从而引发核电厂停堆事故。国内外运行经验表明,传热管破损问题是不可能完全杜绝的。因此,在定期对传热管完整性进行检查的基础上,有必要对已破损的传热管进行快速而可靠的堵管操作,使其退出现役,从而保证蒸汽发生器安全、可靠地运行。

田湾核电站蒸汽发生器堵管采用的是 INETEC 公司设计生产的机械堵管成套设备。依靠计算机远程控制堵管设备的机械部件,使其能在蒸汽发生器一回路集流管内部移动。通过机械手对传热管进行两次辊管工艺,然后通过机械手将放入传热管内的机械堵头芯轴沿轴向拉拔,使机械堵头扩张变形,压紧在传热管内壁上,起到密封和承载的作用。

工作时,将其组装在 INETEC 操纵器上,具体工作区域为蒸汽发生器集流管。堵管系统由涡流、堵管两用控制箱和堵管平台箱操作,通过网线和 PC 工作站连接。堵管系统分三个步骤进行堵管:管口焊缝辊胀、管子辊胀和堵管。这些步骤由两种工具完成:辊胀工具和堵管工具。在合格的公差范围内堵塞将被安装进管子。堵管技术和程序假定传热管表面是满足初次机械堵管的条件的,清洁或测量管内径并非必需的。堵管控制软件是专门针对 ПГВ-1000М 型蒸汽发生器堵管机械臂的控制和数据记录而开发的。

2.3.1 蒸汽发生器机械堵管成套设备的组成及组装连接

成套机械堵管设备由下列部件组成:

1) 计算机系统。

2) 机械部件组件。

3) 控制组件。

4) 压缩空气气源(空气压缩机)。

5）高压油油源（高压油泵）。

6）通信设备组件。

7）力矩校验单元。

8）电压控制单元。

2.3.1.1 计算机系统

带 EddyOne Manipulator Control（操作控制）、Plugging Control System（堵管控制）软件及其软件狗（USB Dongle）的笔记本电脑一台，堵管操作键盘（INETEC Plugging Keyboard）一个。

2.3.1.2 机械部件组件

机械部件组装及示意见图 2-3-1，机械工具臂组装见图 2-3-2。

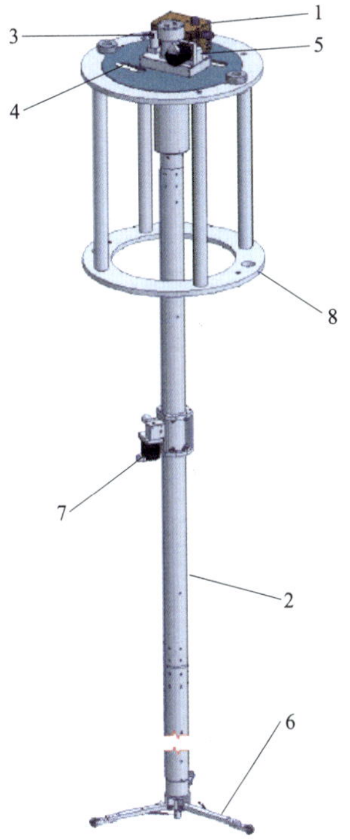

图 2-3-1 机械部件组装结构

1—辊管及堵管工具旋转运输组件（堵管工具小车）；

2—旋转运输组件的支撑杆（立柱）；

3、5—旋转马达、齿轮箱及编码器；

4—法兰平台；

6—支撑腿及防异物装置；

7—升降马达、齿轮箱及编码器；

8—集流管适配法兰

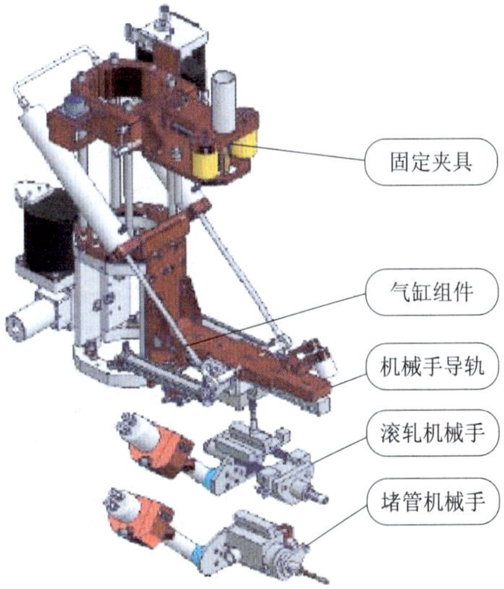

图 2-3-2 机械工作臂组装结构

2.3.1.3 控制组件

控制组件由控制箱（C-BOX）、平台控制箱（PL-BOX）、紧急制动按钮（E-STOP）组成。见图 2-3-3。

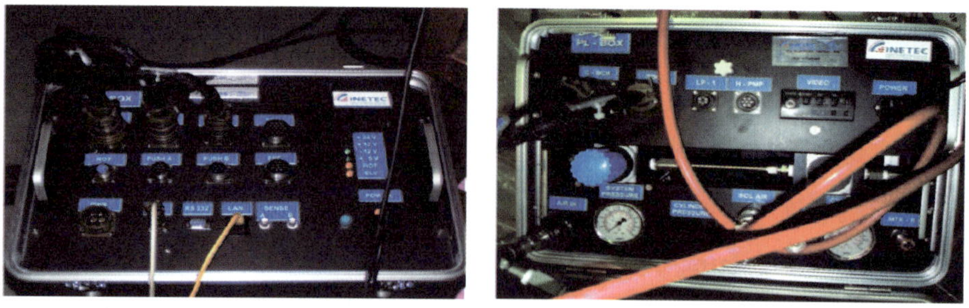

控制箱（C-BOX）　　平台控制箱（PL-BOX）

图 2-3-3　控制组件

2.3.1.4　压缩空气气源

由于机械堵管机械设备驱动动力采用压缩空气气动活塞的形式，因此需要保证使用的压缩空气压力至少为 6 bar。因此配套了一台 BOGE 空气压缩机，用于提供安全、稳定的气源。

2.3.1.5　高压油油源

在进行堵管拉拔堵头操作时，堵头拉杆需要采用液压形式拉拔，高压油泵（见图 2-3-4）提供约 42 MPa（6 100 psi）的油压。

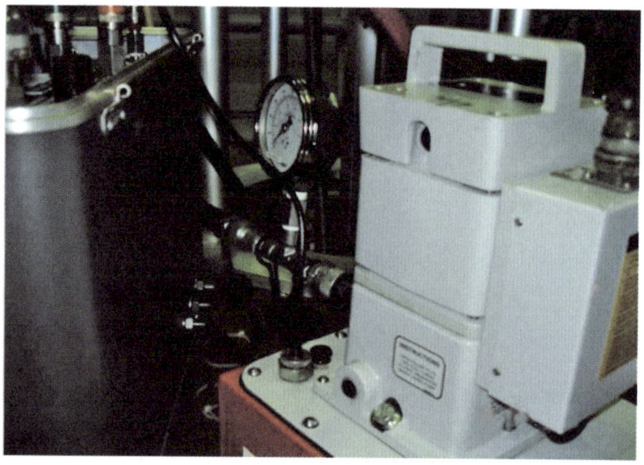

图 2-3-4　高压油泵

2.3.1.6　通信设备组件

在进行堵管操作时，需要蒸汽发生器 29 m 平台的操作人员和厂房外控制室内的操作人员共同配合完成堵管工作，需要采取语音及视频通信。通信设备组件主要包括通信箱母机、通信箱子机、耳机、四分屏液晶显示器，见图 2-3-5。

2.3.1.7　力矩校验单元

在对传热管进行机械辊管前需要对辊管部件进行力矩校验，见图 2-3-6。

2.3.1.8　机械堵管设备及系统连接

机械堵管设备使用前需要将所有系统部件按照要求连接完毕。在辊管工序和堵管工序中连接部件有所区别。整个系统连接如图 2-3-7 所示。

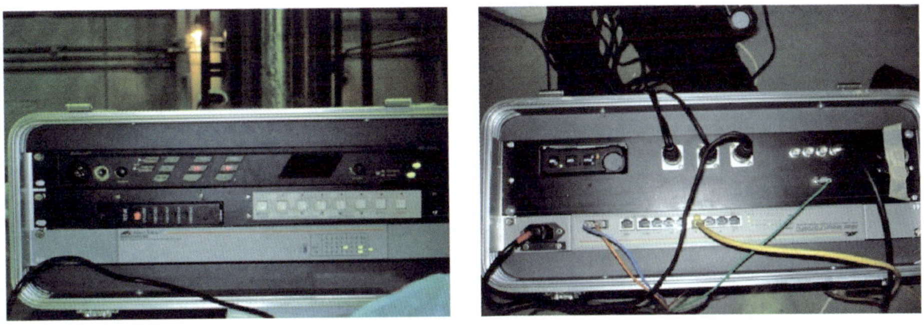

图 2-3-5　通信设备组件

图 2-3-6　力矩校验单元

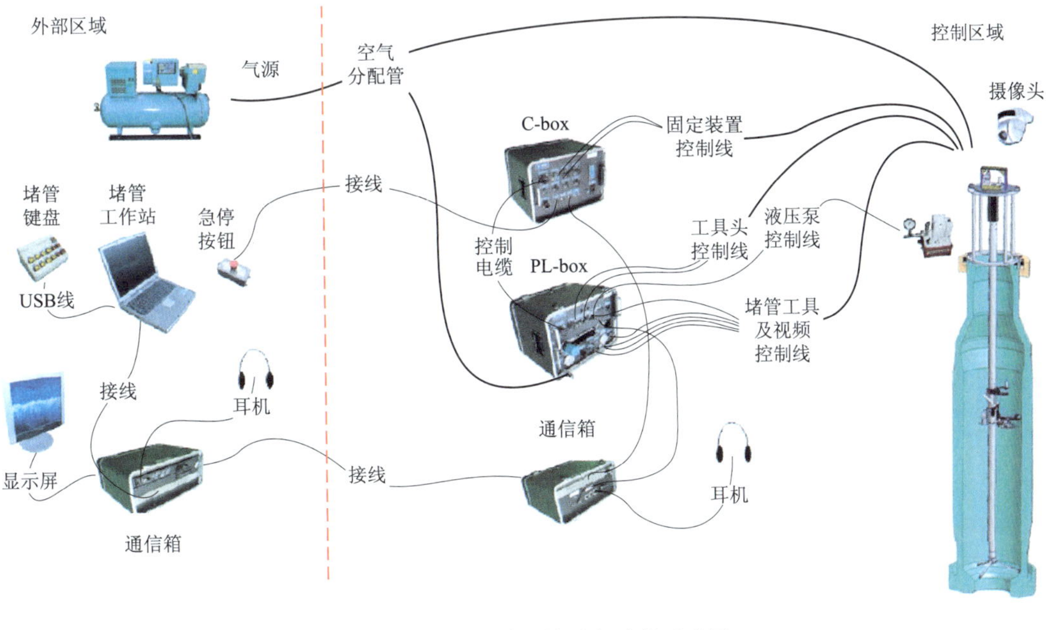

图 2-3-7　机械堵管系统设备连接示意图

注意：所有电气插头的插拔都必须在关闭电源后进行。

(1) 控制箱(C-BOX)连接

1) E-STOP紧急制动按钮与控制箱(C-BOX)上“REM”连接。

2) 控制箱(C-BOX)与工具小车连接，如图2-3-8所示。

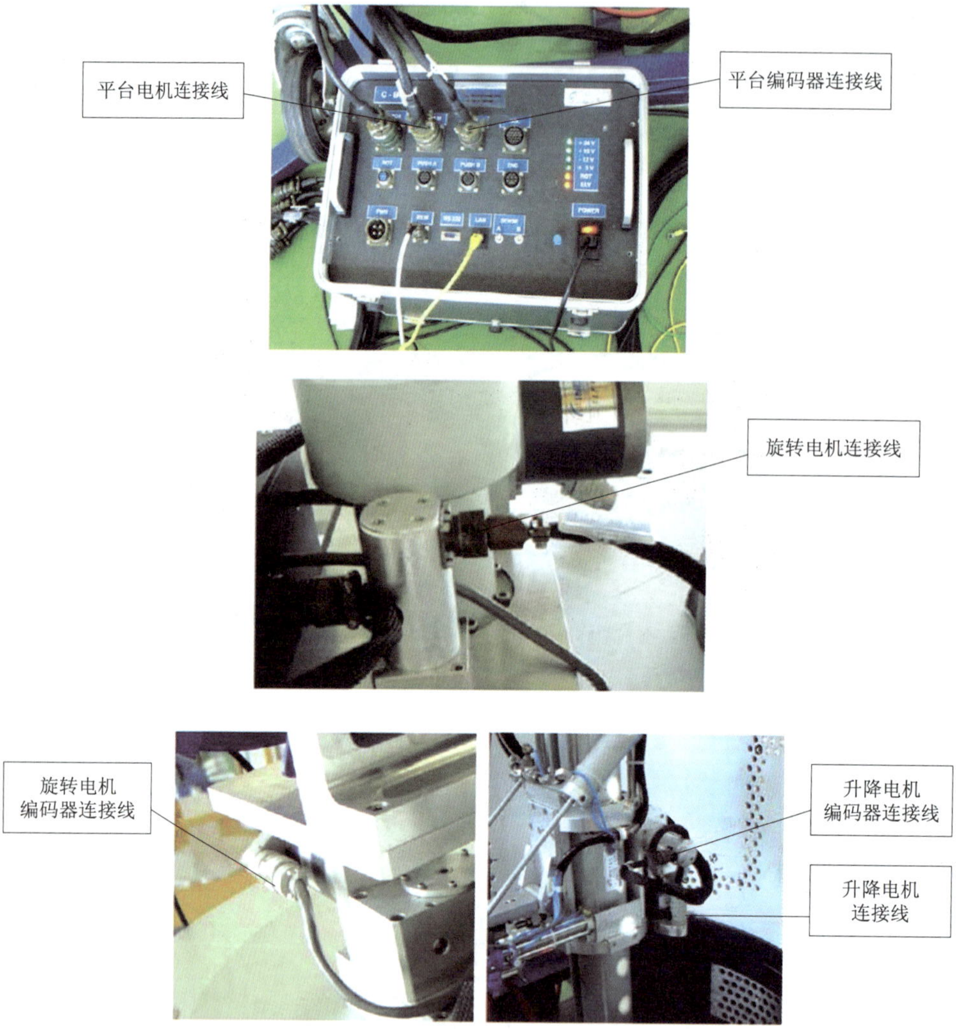

图2-3-8 控制箱和工具小车的连接

3) 控制箱(C-BOX)与平台控制箱(PL-BOX)连接，如图2-3-9所示。

4) 控制箱(C-BOX)上LAN与通信箱子箱中任意频道连接。

(2) 平台控制箱(PL-BOX)连接

1) 辊管工具连接

a) 连接辊管工具时平台控制箱(PL-BOX)连线及辊管工具见图2-3-10。

b) 工具与平台控制箱连线见图2-3-11。

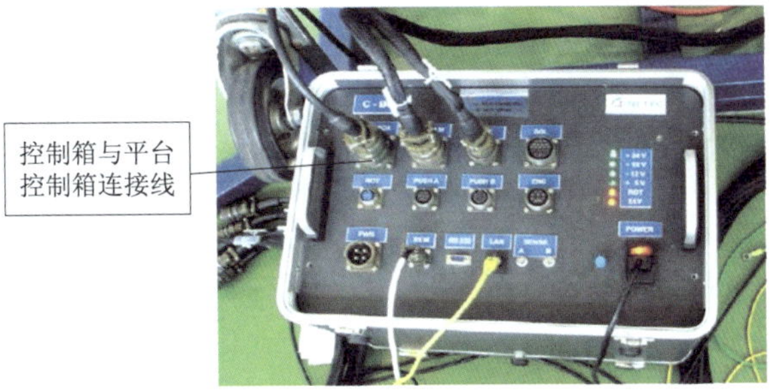

图 2-3-9　控制箱和平台控制箱连接

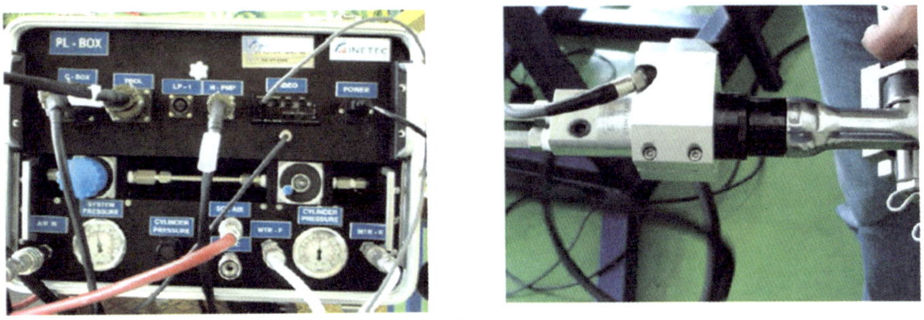

图 2-3-10　辊管时平台控制箱连线全图

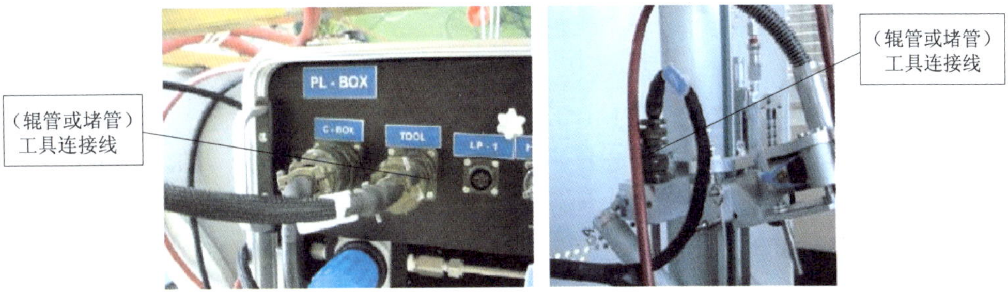

图 2-3-11　工具与平台控制箱连线

c）辊管工具组件摄像机电缆连接平台控制箱(PL-BOX)“CAMERA”,见图 2-3-12。

图 2-3-12　平台控制箱视频连线

d）气管连接：

• 供气软管连接平台控制箱(PL-BOX)“AIR IN”；
• 工具小车组件空气软管连接平台控制箱(PL-BOX)“SOL AIR”；
• 辊管工具组件气动马达前进空气软管连接平台控制箱(PL-BOX)“MTR-F”；
• 辊管工具组件气动马达后退空气软管连接平台控制箱(PL-BOX)“MTR-R”。

2）堵管工具连接

a）连接堵管工具时平台控制箱(PL-BOX)连线及堵管工具见图 2-3-13。

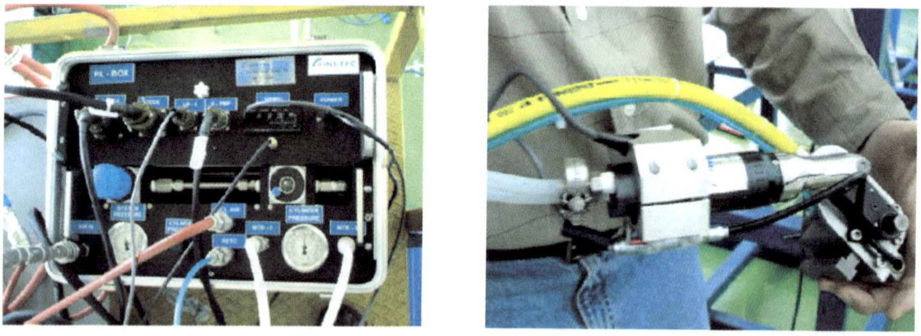

图 2-3-13 堵管时平台控制箱连线全图

b）工具连接同 1)工具连接。

c）视频连接同 1)视频连接。

d）气管连接：

• 供气软管连接平台控制箱(PL-BOX)“AIR IN”；
• 旋转运输机构组件空气软管连接平台控制箱(PL-BOX)“SOL AIR”；
• 堵管工具组件气动马达前进空气软管连接平台控制箱(PL-BOX) “MTR-F”；
• 堵管工具组件气动马达后退空气软管连接平台控制箱(PL-BOX) “MTR-R”；
• 堵管工具回程气管(蓝色管)连接平台箱“RETC”。

e）堵头输送管连接：将黑灰色螺纹管(堵头输送管)连接到堵管工具的 COLUMN 上端。

f）位移传感器连接：堵管工具组件位移传感器电缆连接平台控制箱(PL-BOX)“LP-1”。

g）油泵连接：堵管工具组件上的黄色高压油管与高压泵连接，见图 2-3-14。

(3）计算机系统连接

1）笔记本电脑 USB 接口同时连接上操作控制(Manipulator Control)、堵管控制(Plugging Control)2 个软件狗及堵管操作键盘(Plugging Keyboard)。笔记本电脑通过网线与通信系统的母箱相连。

2）笔记本电脑通过网线与通信系统母箱相连接。

(4）通信系统连接

1）显示屏与通信箱母箱正确连接，通信箱母箱上连接耳机，母箱通过光纤(咖啡色、橙黄色、绿色、蓝色 4 色线)与子箱连接。

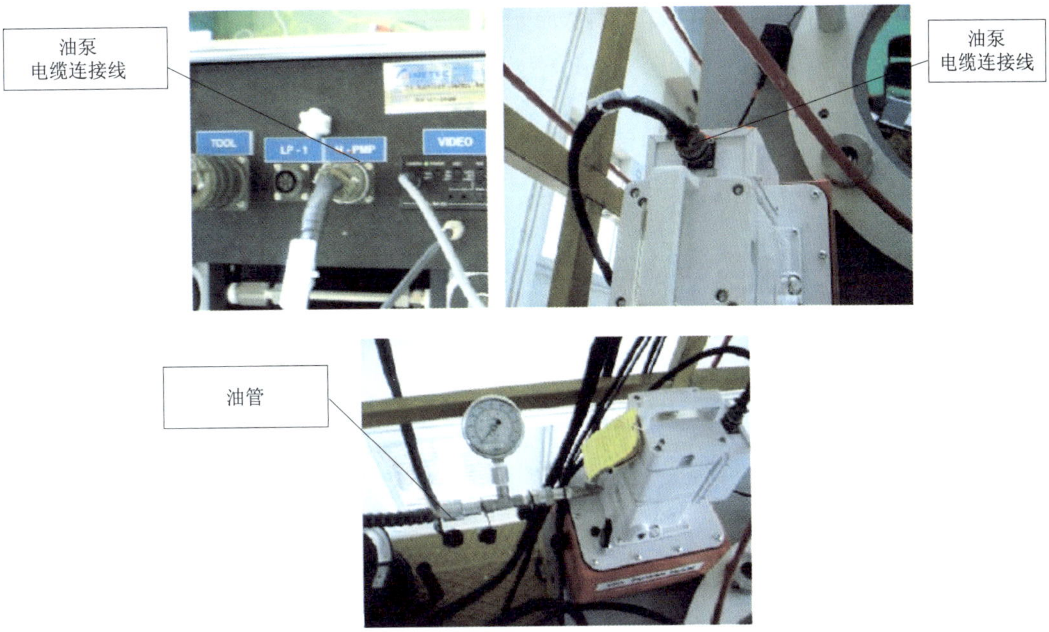

图 2-3-14 液压油泵连接

2）子箱上连接耳机，子箱通过黄色网线与控制箱（C-BOX）连接。通信系统连接见图 2-3-15。

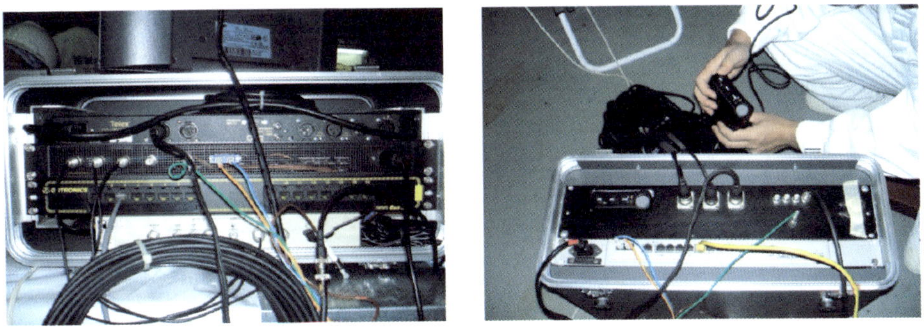

图 2-3-15 通信系统连接

2.3.2 蒸汽发生器机械堵管成套设备的操作

2.3.2.1 辊管操作

按辊管需求将所有设备连接完毕后，开始进行第一步工作——辊管，辊管操作分 3 步进行：力矩校验；第一次辊管；第二次辊管。

（1）力矩校验

将力矩校验转接杆（适配器）连接在辊管工具上，交替按动堵管操作键盘（Plugging Keyboard）上的 MOTOR FWD 和 MOTOR REV 按钮 3 次后（每次从转矩测量仪拔出后都必须重复此步骤)，与 CLECO 转矩测量仪连接(通过适配器)，再次按住 MOTOR FWD 按钮直到气动马达自动停止，检查显示的转矩值。

重复以上步骤 3 次，如果转矩平均值在 0.366～0.421 MPa(53～61 psi)之间则转矩合格。

如果不合格，则需调节系统压缩空气调节阀(在 PL-BOX 上)，然后再检测 3 次转矩值，直到转矩平均值合格为止。

1) 设置操作程序

在计算机上打开 EddyOne Plugging Control System 软件，开始设置操作程序如下：

① 打开 File→New Project 后建立新文件名。

② 电厂信息输入弹出的 Create New Project 对话框见图 2-3-16(注意选择 psi 作为压力单位，并选择 inch 作为长度单位)。

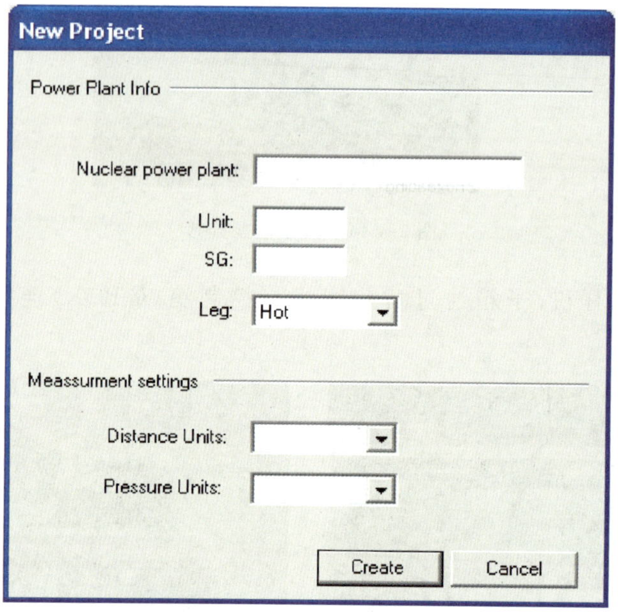

图 2-3-16 New Project 对话框

③ 填好 New Project 对话框所有字段后，点击 Create 按钮，生成新计划。

④ 在新计划中用 Current Settings→Operators 打开操作人员对话框，输入操作人员姓名并点击 Add 添加，如图 2-3-17 所示。

⑤ 连接控制箱：用 Tools→Connect to Control Box 打开 Connection 对话框。输入控制箱 IP 地址(田湾设备为 192.168.0.232)并点击 OK。如果顺利连接了控制箱，应用程序右下角控制箱标签变为绿色；否则得到连接控制箱失败的提示信息。

⑥ 连接操作装置：用 Tools→Connect to Manipulator Box 打开 Connection 对话框。输入操作装置 IP 地址(田湾设备为 192.168.0.232)并点击 OK。如果顺利连接了操作装置，应用程序右下角操作装置标签变为绿色；否则，将得到连接控制箱失败的提示信息。

⑦ 用 Calibration→Moment 打开 Moment 校准对话框，将已经校验过的 3 次合格力矩输入对话框中，并点击 Confirm Calibration 按钮，如图 2-3-18 所示。

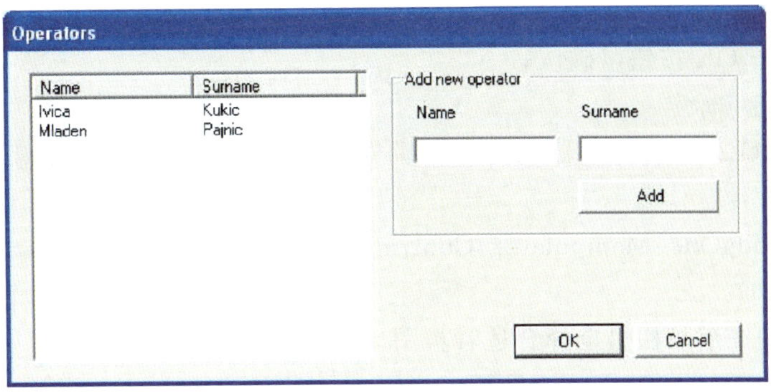

图 2-3-17 Operators 对话框

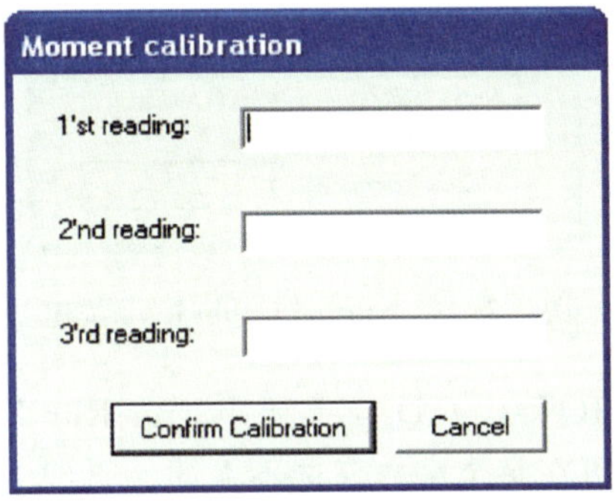

图 2-3-18 Moment 校准对话框

⑧ 选择主菜单上 Current Settings→Equipment 打开 Equipment 对话框，在对话框内输入辊子扩管工具出厂序列号(Serial Number)及型号(Roller Type)，如图 2-3-19 所示。

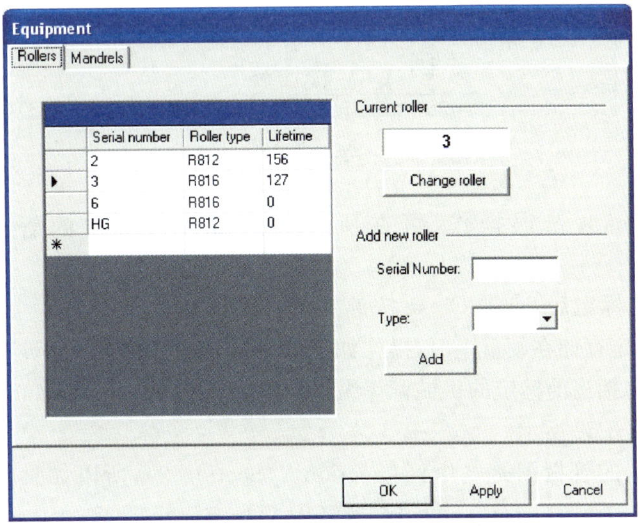

图 2-3-19 Equipment 对话框

⑨ 在主菜单选择 Modes→Rolling 1 将应用程序工作模式置于 Rolling 1。

⑩ 点击 Set State Manually 按钮，并输入该操作装置当前管的行号、列号、所在区及操作者姓名，并点击 OK 按钮以确认。

2）传热管三点标定

使用机械臂确定蒸汽发生器内有堵管需求的传热管的行列号时，需要使用以下方法定位：

① 打开 EddyOne Manipulator Control 软件，读取合适的管板图（File → Load Tubesheet Model）。

② 手动控制在道具栏里选择合适管板图。

③ 开始一个新的标定（Tool→Calibration→New Calibration）。

④ 如图 2-3-20 所示，点击 Normal Calibration 按钮。

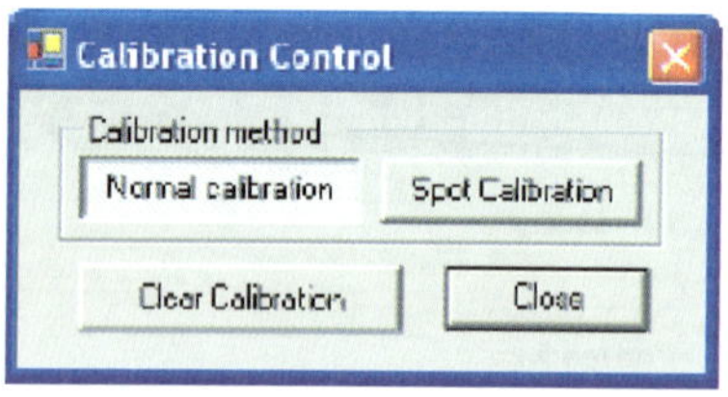

图 2-3-20　Normal Calibration 按钮

⑤ 每个区（SECTION：HOT/COLD）都需要用 Free-Run Mode 模式进行三点标定来确定机械臂对应管位行列号。可在每个区内任选不在同一直线上的三点来标定，但使用相距最远的点来标定能获得最佳效果。机械臂每移动到一个需要标定的点上，双击管板图，将弹出如图 2-3-21 所示的对话框，以确认是否标定该点。

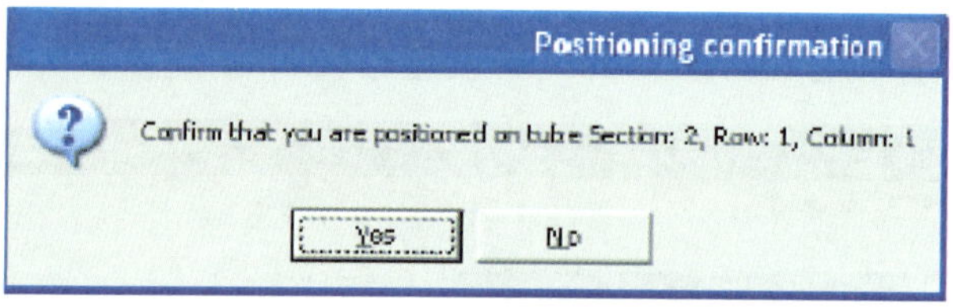

图 2-3-21　确认是否标定该点

⑥ 如果在标定时错误操作，可在所在区点击错误标定的管位，并点击“Clear Calibration”按键。

⑦ 当完成三点标定后，点击 Close 按键。

⑧ 当想要将标定存储在硬盘上时，操作如下：Tools→Calibration→Save Calibration。另一种方法是存储完整的包括当前标定的机械臂操纵机构配置（File→Save Manipulator Configuration）。三点标定管板如图 2-3-22 所示。

注：软件上显示的管板图是 2 个区（Section 1，Section 2），所以如果在 2 个区都有堵管需求，必须分别将 2 个区都进行三点标定，而不是只标定一个区。

（2）第一次辊管（管口辊压）

① 选择型号为 816 的辊子，装载在辊管工具上。

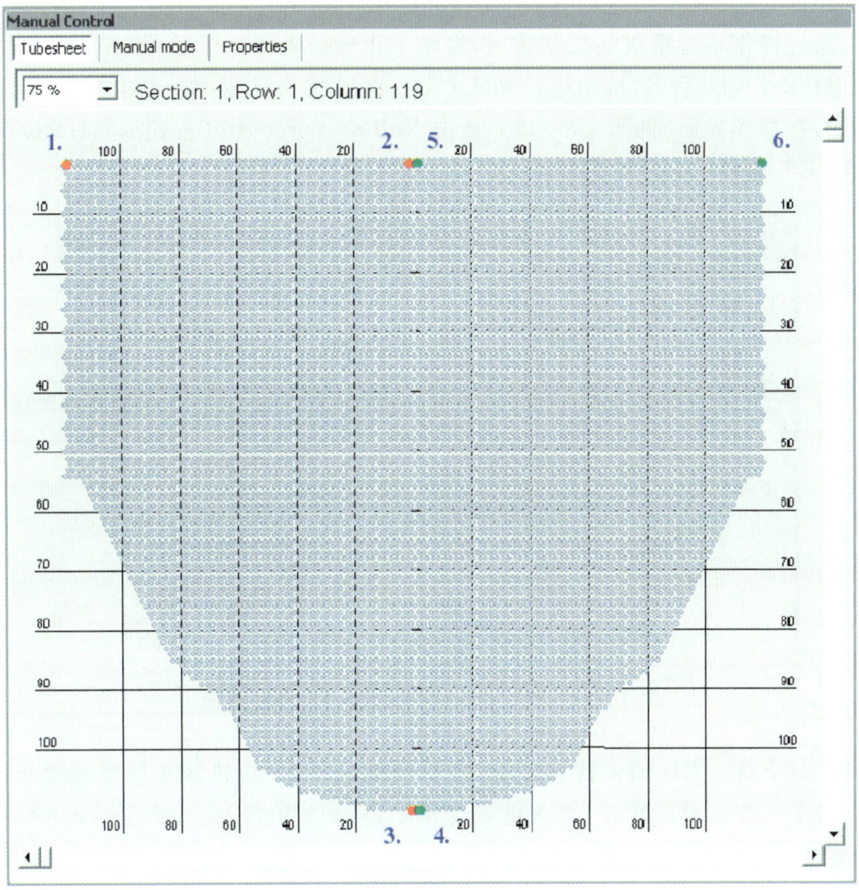

图 2-3-22 三点标定管板图例

② 在辊子上安装定位阻挡块(见图 2-3-23)。

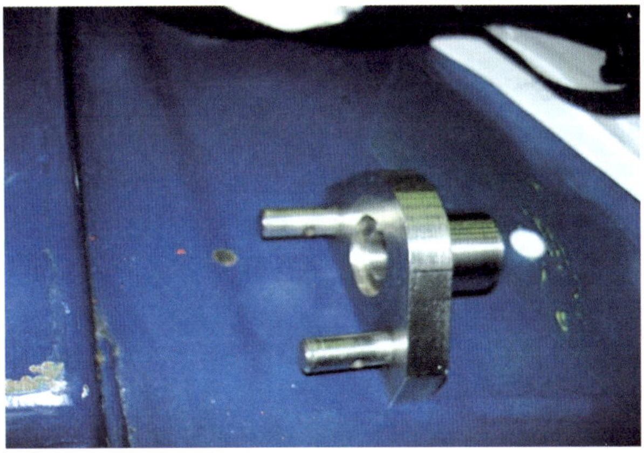

图 2-3-23 定位阻挡块

③ 回装辊子(在机械臂上的燕尾槽中安装或者拆除工具时,需要先通过 Keyboard 控制 LOCK PIN IN 和 LOCK PIN OUT 来控制锁紧销钉的插拔)。

④ 在 Rolling 1 模式下，通过操作 Manipulator Control 软件将辊子准确移动到需要堵管的位置，通过操作堵管键盘的控制按钮，将辊子正确插入传热管后，按住 HEAD FWD(前进)和 MOTOR FWD(后退)按钮进行初次扩孔；直到气动马达停止并有排气声发出，则初次扩孔完毕，在操作界面(见图 2-3-24)上点击 Rolling Successful 按钮后，按 MOTOR REV 和 HEAD RET 将辊子退出传热管。

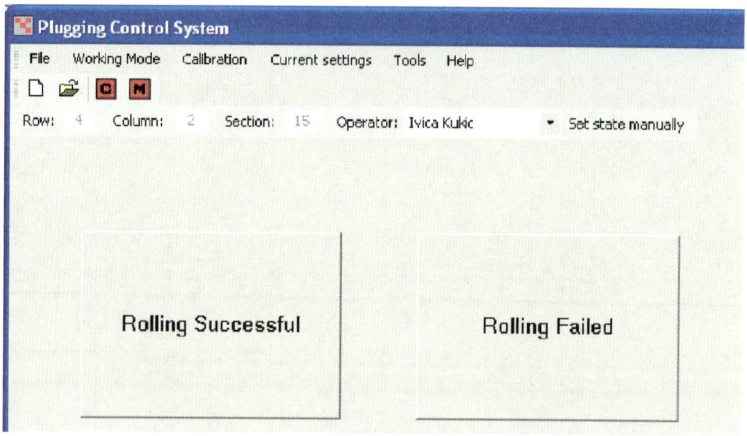

图 2-3-24 Plugging Control System 操作界面

⑤ 如果辊子始终无法插入传热管中，则要调整辊子大小，将 816 型号的辊子从辊管工具上取下，换上 812 型号的辊子，再次重复步骤④，直到扩孔完成。然后取下 812 型号辊子换成 816 型号进行再次扩孔(再次重复步骤④)。

(3) 第二次辊管(管内壁辊压)

① 卸下辊子，拆除阻挡块，再将辊子装载在辊管工具上。

② 在 Rolling 2 模式下，按顺序重新填写好传热管行列号和操作员，操作堵管键盘，对所有已初次扩孔的传热管进行 2 次深扩孔(操作步骤同第一次辊管)。

③ 如果第一次辊管采用的是 812 型号辊子，则第二次辊管也需采用 812 型号辊子辊管，然后采用 816 型号辊子进行再次扩孔。

注意：辊子在使用前应保持清洁和干燥。每转动 30 次后，应从工具上拆除辊子，使其冷却并将其浸没在去离子水中 15 s 以进行清洁。

注意：一根辊子的使用寿命限于总计 600 次扩管(300 根管)。超过辊子使用寿命后，应用程序将提示操作人员。每扩管 150 次后，在辊子完全咬合状态下，用测量试块检查辊子组件。直径 14.326 mm(0.564 in)的孔应允许辊子通过，而直径 14.249 mm(0.561 in)的孔不允许辊子通过。如果不能通过直径 14.326 mm(0.564 in)的孔，该辊子就必须报废。

2.3.2.2 堵管操作

按堵管需求连接完毕所有设备后，开始进行第二步工作——堵管。

(1) 液压油泵准备

在液压油泵使用前需更换内部液压油(一般一年一次)。

将止动块装在堵管芯轴顶端(起试压前安全保护作用)，将液压油泵上的黑色排气阀开启 2～3 圈，点动 PLUGGING KEYBOARD 上的 HYDR PUMP 按钮若干次，将空气排出，然后旋紧排气阀。

持续按压 HYDR PUMP 按钮，调节油泵上黑色压力调节旋钮，将压力调至 6 100 psi（现场表压力），松开 HYDR PUMP 按钮。

拆除止动块，见图 2-3-25。

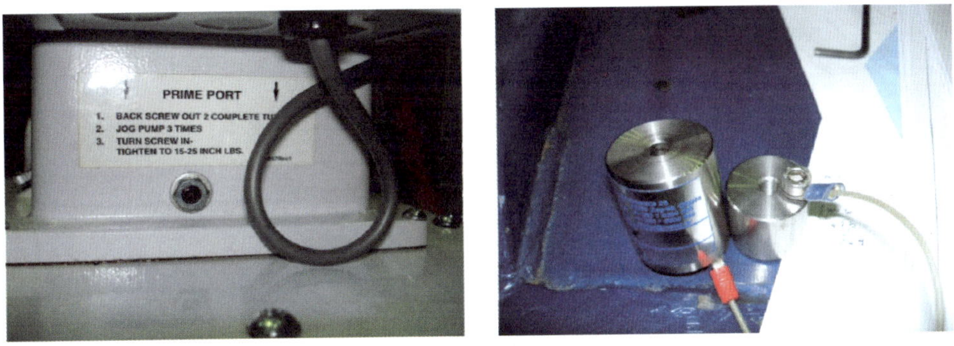

图 2-3-25 油泵排气阀和止动块

(2) 设置操作程序及校验

① 气缸行程校准：将应用程序置于工作方式 Service。打开 Distance Calibration 对话框。初始时点击 Save Value 按钮；按动 HYDR PUMP 按钮，使堵管工具气缸达到全部行程后，再次点击 Save Value 按钮。释放 HYDR PUMP 按钮至气缸返程后再重复 2 次。对话框内初始值应该都在 0～0.015 in 范围内，全压后应该在(1.43±0.015)in 范围内。如果合格则点击 Confirm Calibration 按钮，记录已经校准的数据，见图 2-3-26。

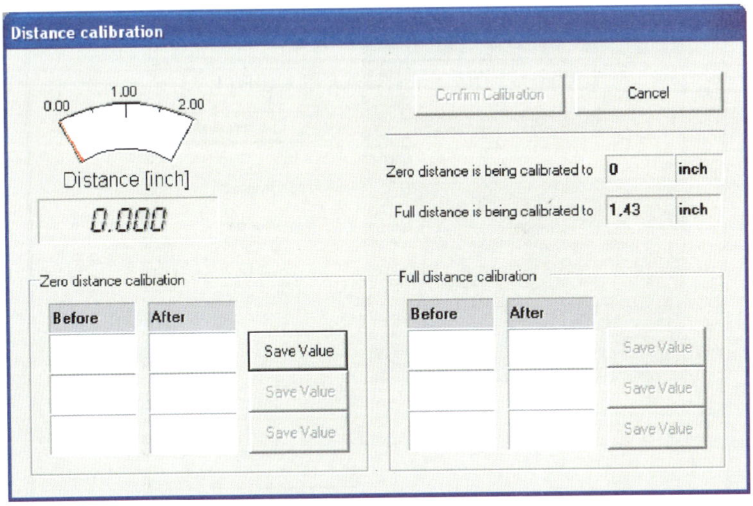

图 2-3-26 Distance Calibration 对话框

② 液压泵压力校准：将止动块装在堵管芯轴顶端。

将应用程序置于工作方式 Service。打开 Pressure Calibration 对话框。初始时点击左边列表的(零点校验)Save Value 按钮；按动 HYDR PUMP 按钮，达到全压后再次点击右边列表的(全压校验)Save Value 按钮。释放 HYDR PUMP 按钮至气缸返程后再重复 2 次。框内显示的所有零压值都应该在 0±10 psi 范围内。所有全压值都应该在(6 075±30) psi 范围内。如果合格则点击 Confirm Calibration 按钮,记录已经校准的数据。见图 2-3-27。

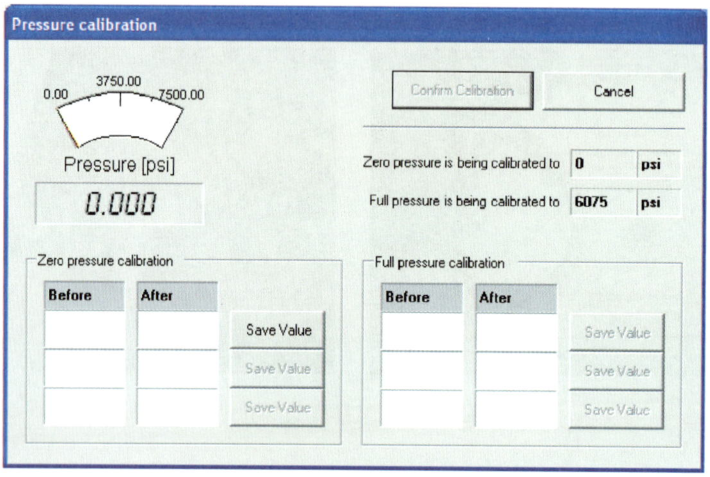

图 2-3-27 Pressure Calibration 对话框

③ 在主菜单选择 Current Settings→Equipment 打开 Equipment 对话框,将堵管芯轴的出厂序列号输入 Serial Number 文本框并点击 Add 按钮,见图 2-3-28。

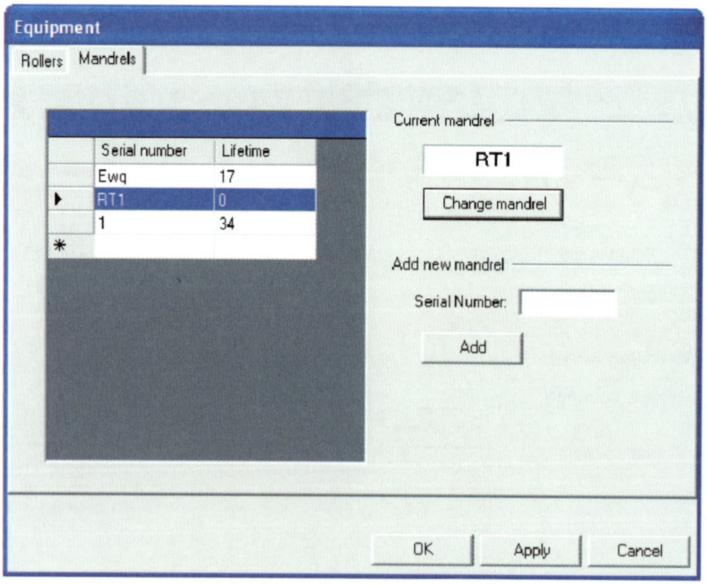

图 2-3-28 Equipment 对话框

④ 用 Current Settings→Plugs 打开 Plugs 对话框。如果该清单上还有管塞,点击 Remove First Plug 按钮若干次直到清空该清单。将堵头的出厂序列号填入文本框并点击 Add 按钮,见图 2-3-29。

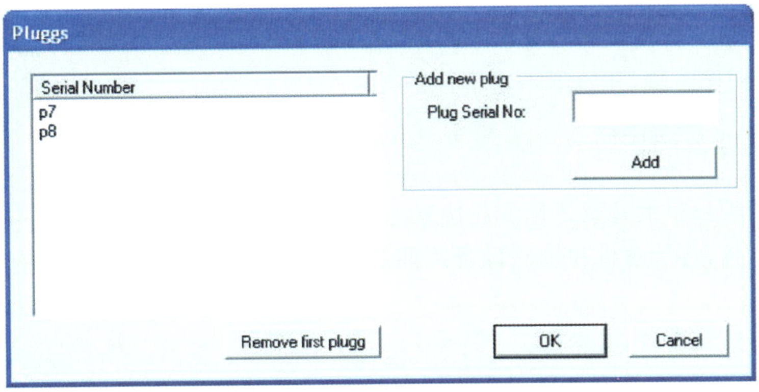

图 2-3-29 Plugs 对话框

⑤ 点击 Set State Manually 按钮，并输入堵管装置需堵管所在的行号、列号、所在区及操作者姓名，并点击 OK 按钮。

(3) 堵管

① 切换回 Plugging 界面；在 Plugging 模式下，将堵头安装到堵管工具上（注意不要旋转过深，需要留出 1 mm 左右的余量）。操作 PLUGGING KEYBOARD 使堵头插入待堵管，按下 HEAD FWD 按钮并通过按压 HYDR PUMP 按钮接通液压泵。液压达到 6 100 psi 并保持该压力 3 s 后，应用程序将释放该泵。释放 HYDR PUMP 按钮，一旦气缸达到最大距离并且泵的压力值在允许值范围内，应用程序就生成报告说明已经成功插入并机械密封了当前管（见图 2-3-30）。另外，如成功堵管，Tube Info 屏面将显示“Plug successfully installed”信息。接通 MOTOR REV 按钮，直到堵管芯轴从管塞中旋出，其间间断点动 HEAD RET 按钮，直到堵管工具退出该管。

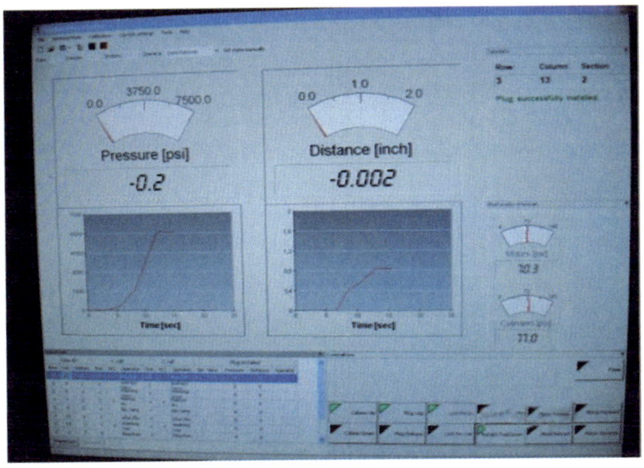

图 2-3-30 堵管完成画面

② 一次堵管完成。

③ 当进行多次堵管时，在 PLUGGING KEYBOARD 上按下 ROT TOOL UP 按钮使机械臂导轨上翻，按下 COLUMN DOWN 按钮，持续按压 HEAD FWD 及 MOTOR FWD 按钮，直到将堵头旋入堵管芯轴上，按下 PLUG REL 按钮释放堵头，按下 HEAD RET 按

钮，按下 PLUG GRIP 夹紧下一个堵头，按下 COLUMN UP 按钮，按下 ROT TOOL DOWN 按钮使机械臂导轨倒下至水平。

重复堵管操作步骤，开始下一轮堵管。

2.3.3 堵管设备的拆除

1）控制堵管小车上升至工作法兰位置。

2）操作软件，将计算机和控制设备之间的网络断开；关闭计算机和所有电源、气源；排空系统内气压。

3）拆卸电缆和软管，盘卷好。

4）将堵管、辊管装置拆卸。

5）分解机械臂。

6）如果有另一台蒸汽发生器的传热管需要堵管，则将设备移到该蒸汽发生器处，并按照安装程序进行安装。

7）所有设备检查其是否有放射性沾污。

2.3.4 机械堵头的结构形式

蒸汽发生器机械堵管装置专用机械堵头材质为 Inconel690（因科镍合金），经过特殊工艺制作，为一圆柱形带环形密封线的金属堵头，其内部有可移动的膨胀部件，在拉拔移动过程中将堵头膨胀，使得外部密封线和传热管内壁能够有效接触密封。机械堵头结构见图 2-3-31。

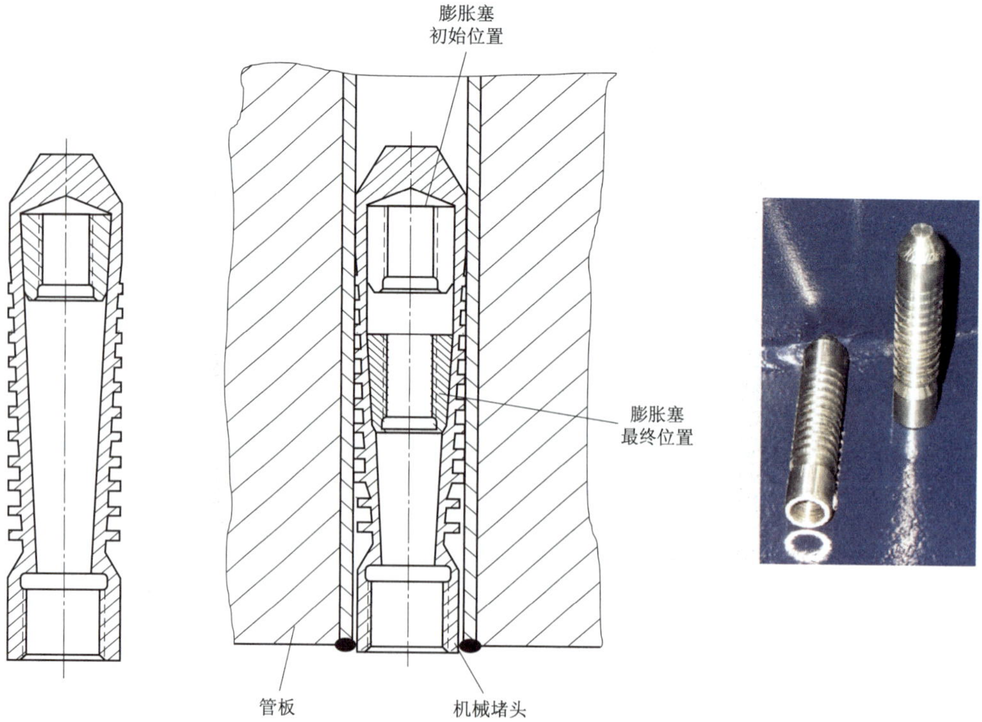

图 2-3-31 机械堵头结构图及实物

2.3.5 机械堵管功能验证

在正式使用 INETEC 机械堵管设备对蒸汽发生器进行传热管进行封堵前，为了检验堵管系统的调试情况和操作者的使用水平，特别进行了堵头性能考核试验。本项试验主要包括水压试验、氦检漏试验、推脱力试验。试验条件与堵头的工程应用条件和 INETEC 的试验项目相对应。

(1) 制作模拟体

模拟体由 INETEC 提供，模拟管子与管板之间的关系。具体做法是：用一个外圆棒（材料同管板材料）来代替管板；管子选用 ϕ16 mm×1.5 mm（材料同传热管材料），长度为 250 mm 的不锈钢钢管。管子插入圆棒，一端平齐，用氩弧焊焊接管端与管板。然后在该端胀管，使管子与圆棒胀接（以上工艺与蒸汽发生器加工工艺相同）。在管子另一端伸出管板的部分焊接试验用的管接头，用于连接试验水源或氦气。

将试验模拟体固定于蒸汽发生器模拟体上，按照《蒸汽发生器机械堵塞安装程序》"Mechanical Plugging Installation Procedure for VVER-1000 Steam Generator Tubes"(IPR-PL-01-E)，将堵塞安装在模拟体上，得到试验件，如图 2-3-32 所示。

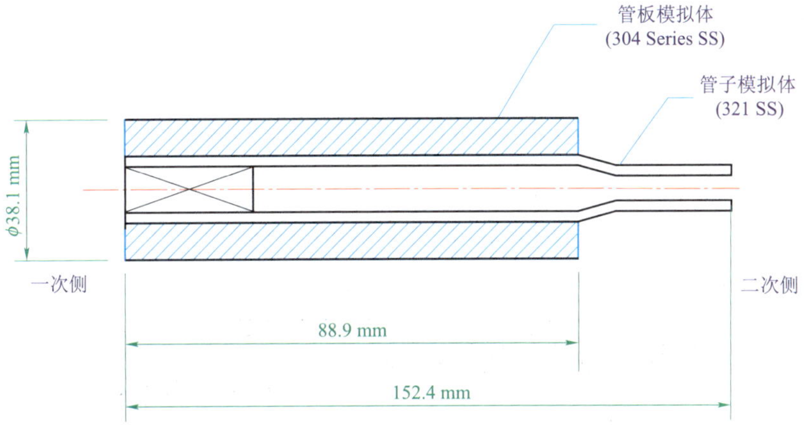

图 2-3-32 试验件示意图

(2) 水压试验

该试验是为了评价堵头在蒸汽发生器进行一回路水压试验时的密封性以及堵头与管子之间胀接部位的机械性能。该试验在室温下进行，从二次侧打水压。由于作用在二次侧的高压水使堵头受外压，同时使管子受内压，即高压水有使堵头直径变小和使管子及管板模拟体内径增大的趋势，这样更增加了堵头被推出或发生泄漏的可能性。因此，从二次侧打水压比从一次侧打水压要求更苛刻，也更具意义。

考核方法为：打压到 23 MPa，保压 60 min，且一次侧没有补偿压力。考核指标是：试验前后无泄漏；继续打压到 50 MPa，保压 10 min，堵头无泄漏、无移动。

试验件水压试验如图 2-3-33 所示，所得结果如表 2-3-1 所示。

图 2-3-33 试验件水压试验

表 2-3-1 水压试验结果

试件号	水压试验值/MPa	结 论	说 明
2	24.0	合格	保压 60 min、无泄漏、无移动
2	44.7	合格	保压 10 min、无泄漏、无移动
3	26.2	合格	保压 60 min、无泄漏、无移动
3	44.2	合格	保压 10 min、无泄漏、无移动
4	25.0	合格	保压 60 min、无泄漏、无移动
4	46.0	合格	保压 10 min、无泄漏、无移动

(3) 氦检漏试验

氦气压力 0.6～5.0 MPa,持续时间:2 h。考核指标:氦检侧漏率$\leqslant 6.7\times10^{-9}$ Pa·m^3/s。氦检漏试验见图 2-3-34,结果见表 2-3-2。

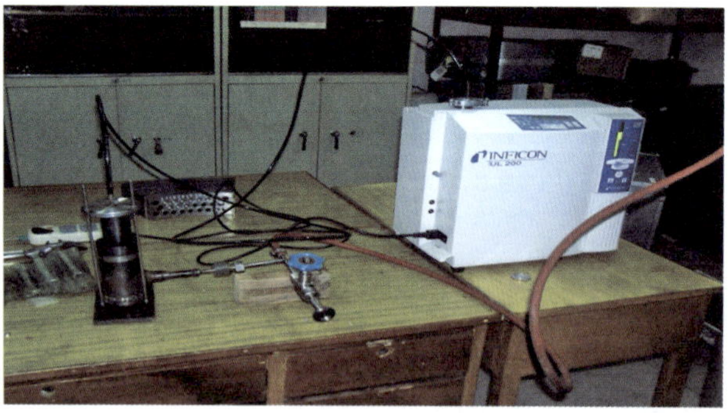

图 2-3-34 试样件氦气检漏试验

表 2-3-2 氦检漏结果

试件号	实测结果侧漏率(Pa·m^3/s)	结论	合格标准
2	1.7×10^{-9}	合格	氦检侧漏率$\leqslant 6.7\times10^{-9}$Pa·m^3/s
3	1.5×10^{-9}	合格	
4	2.4×10^{-12}	合格	

(4) 推脱力试验

该试验是为了考核堵头与管子之间胀接部分的机械性能。

该试验在室温条件下于液压式万能试验机上进行。试验机通过插在试验体二次侧的推杆作用于堵头，克服堵头与管子之间的胀紧力将其推出，如图 2-3-35 所示。

考核指标：此推脱力≥12.2 kN。考核结果见表 2-3-3。

图 2-3-35 试样件推脱力试验

表 2-3-3 推脱力试验结果

试件号	实际推脱力/kN	合格标准
2	29.0	≥12.2 kN
3	32.0	
4	28.3	

2.3.6 手工焊接堵管

手工焊接堵管是一项由俄罗斯国家认可并在俄罗斯国内普遍采用的堵管技术，工艺简单，堵头成本低。这种焊接方法的缺点是人员必须进入集流管中操作，在机组运行后，集流管内的的温度、湿度、辐射剂量水平都很高，人员所受剂量会大大增加，对焊接质量也会造成很大影响。因此这种方法用于役前的堵管比较合适。田湾核电站 1 号机组役前进行的堵管采用的就是这种堵管方法。

堵管使用的堵头材质和蒸汽发生器传热管材质一致，均为 08X18H10T，堵头结构尺寸如图 2-3-36 所示。

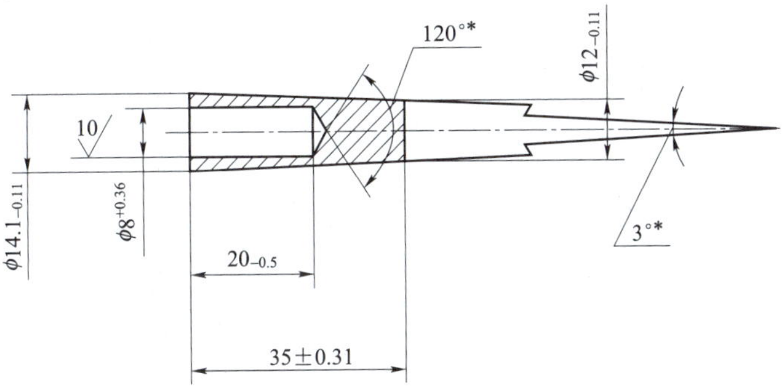

图 2-3-36 焊接用传热管堵头

实施手工焊接堵管工作基本步骤流程如图 2-3-37 所示。

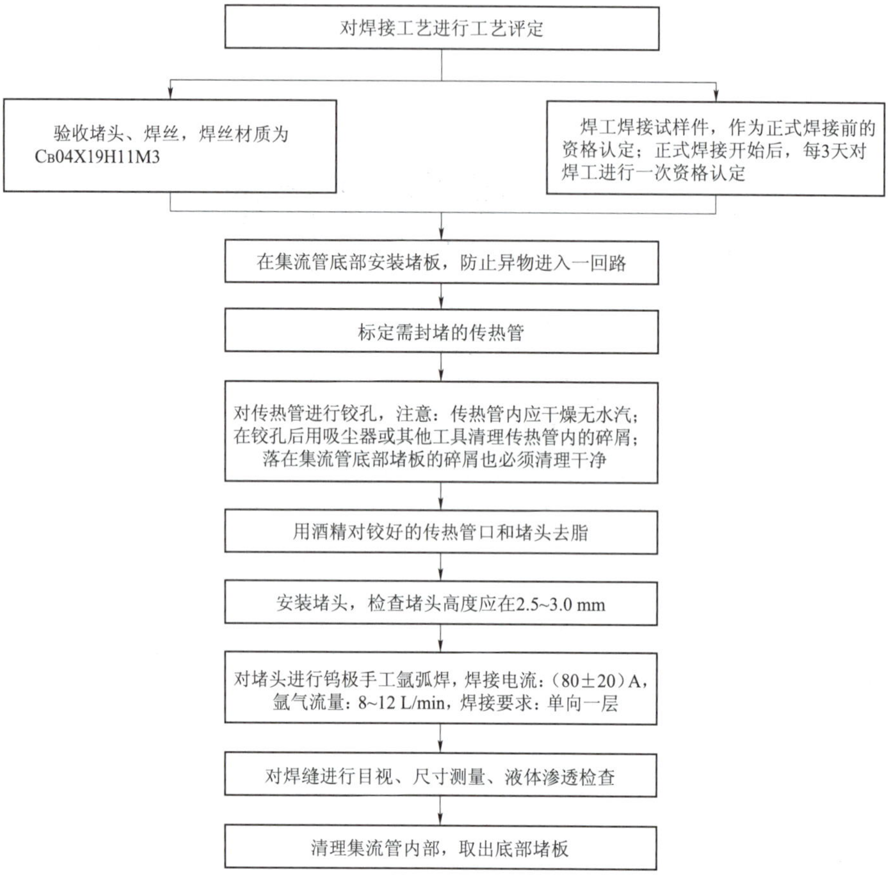

图 2-3-37　手工焊接堵管工作基本流程

标定前，需要根据集流管传热管的管板图制作标定图，标定图与现场传热管位置尺寸保持一致，然后工作人员通过钢爬梯进入集流管内，使用木塞子对照传热管坐标，将标定图定位在相应的位置。最后使用木塞子通过标定图将需要焊接堵管的传热管标识出来，如图 2-3-38 所示。

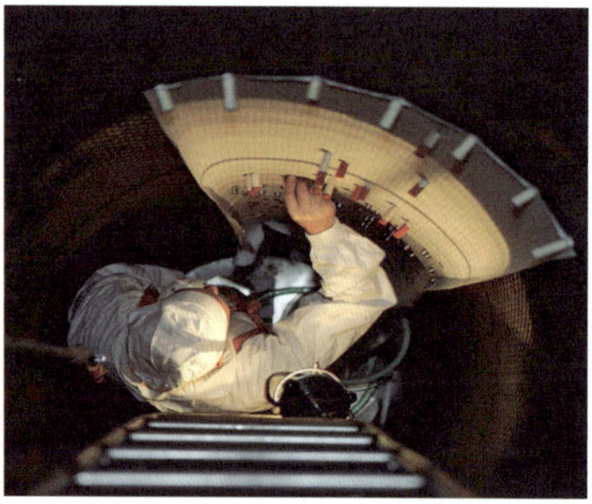

图 2-3-38　传热管标定

使用专用的铰刀对标定好的传热管进行铰孔，并将加工好的锥形堵头安装在铰孔完毕的传热管内，要求堵头高出管口 2.5～3 mm，如图 2-3-39 所示。

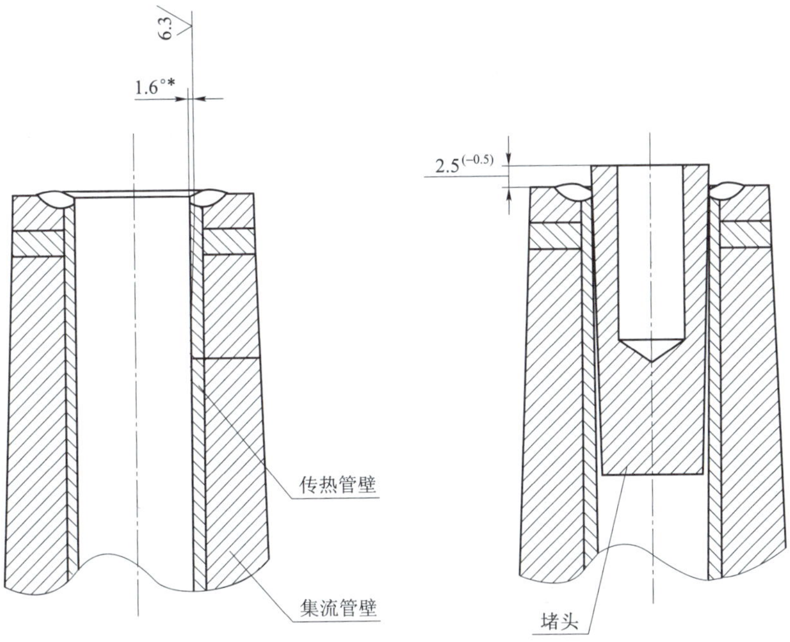

(a)　　　　(b)

图 2-3-39　传热管铰孔及堵头安装要求

(a) 传热管铰孔；(b) 堵头的安装

对铰孔合格和传热管焊接表面及安装的堵头使用酒精或丙酮进行去脂处理，使用氩弧焊接工艺对安装好的堵头进行焊接，焊接完成后对焊缝进行目视及液体渗透检查。图 2-3-40 为焊接完成后堵头焊缝要求及堵管实施阶段堵头的安装、焊接完的照片。

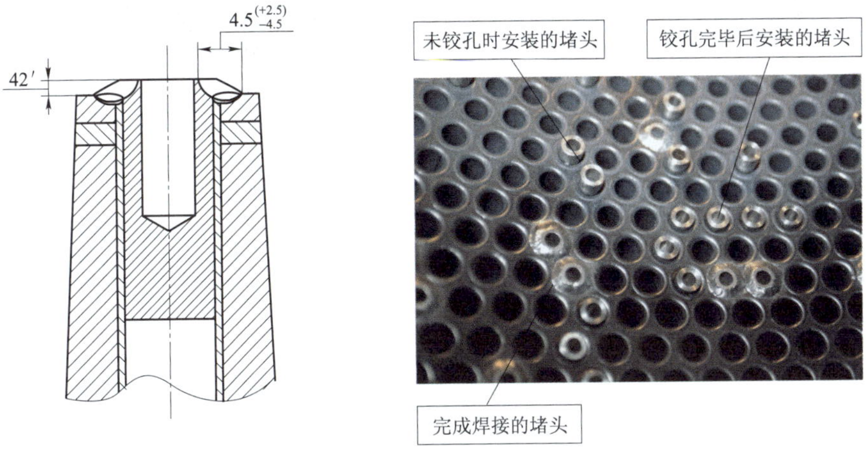

图 2-3-40　堵头焊接

2.4 ПГВ-1000М 型蒸汽发生器传热管吹扫成套设备

在机组大修期间需要定期对蒸汽发生器的传热管进行涡流检查，为保证涡流检查设备的正常工作，涡流检查前需要将传热管内的残水排尽。田湾核电站的卧式蒸汽发生器因传热管为水平布置，传热管内的水无法自然排尽，需要采取一定的措施将残余水吹出。因此，卧式蒸汽发生器吹传热管吹扫设备主要用于在蒸汽发生器涡流检查前对传热管进行吹扫干燥，以满足涡流检查需要。

2.4.1 传热管吹扫成套设备的组成及连接

蒸汽发生器传热管吹扫成套设备主要包括如下部件(单台蒸汽发生器)：

(1) 吹扫风机一台(高效混流风机，见图 2-4-1)

风量：9 227 m^3/h　　全压：1 028 Pa　　转速：2 900 r/min　　功率：5.5 kW

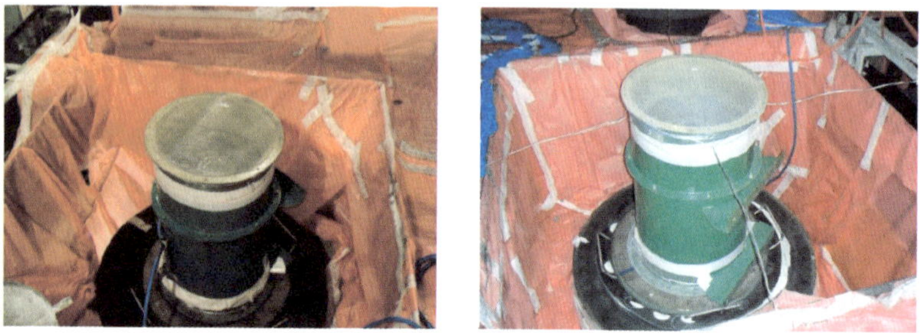

图 2-4-1　吹扫风机

(2) 排风软管(见图 2-4-2)

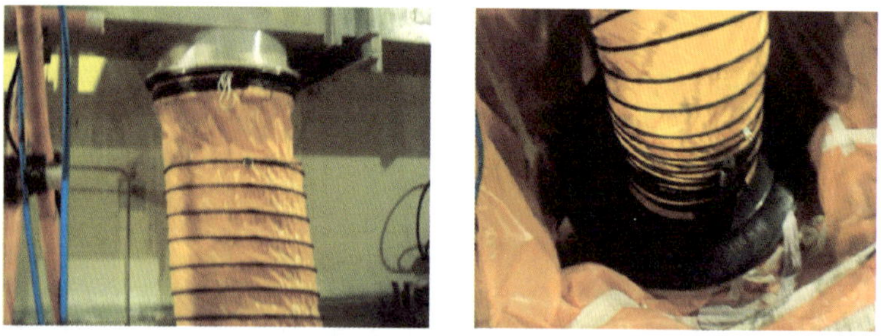

图 2-4-2　排风软管

(3) 吹扫布袋

吹扫用软布袋，使用高强度防水布，厚度约 1 mm，软不袋单侧开口，开口角度约 70°(折算开口宽度约 500 mm)，见图 2-4-3。

(4) 其他连接部件

其他连接部件主要有用于连接排风软管和风管的连接法兰，用于连接排风软管和热端集流管的连接法兰，用于固定吹扫布袋的上下压紧法兰及相应的紧固定螺栓。

(5) 成套吹扫设备的连接

吹扫设备与系统和设备的连接见图 2-4-4。

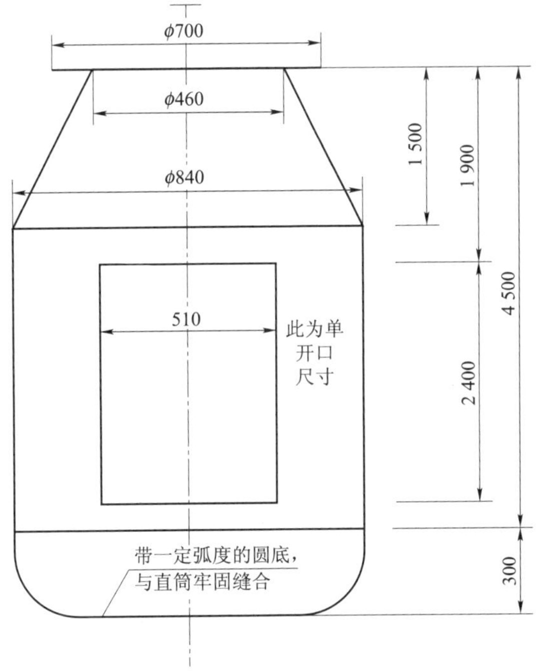

图 2-4-3　吹扫布袋

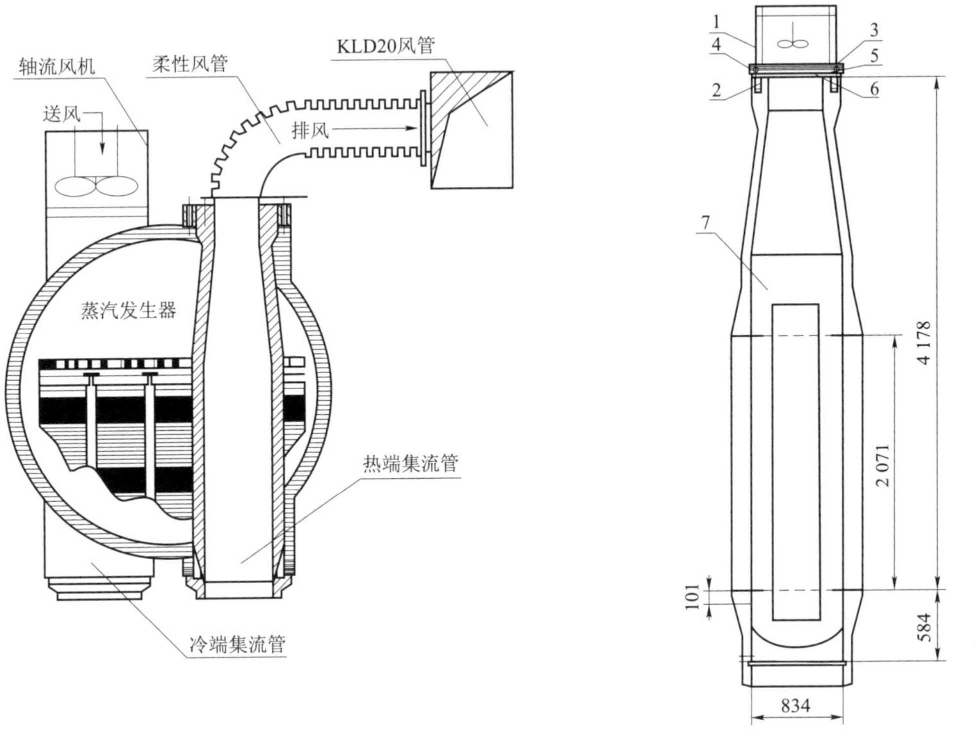

图 2-4-4　吹扫设备与系统和设备的连接示意图

1—风机 9 227 m^3/h 1 台；2—螺栓 N10X20 8 个；3—压紧法兰；4—塑料板厚 2 mm；5—聚四氟乙烯厚 2 mm；6—底法兰；7—软布袋

2.4.2 传热管吹扫工艺流程

蒸汽发生器传热管吹扫总体流程是将开口软布袋通过法兰连接方式放置在冷端集流管内，再将吹扫风机安装在冷端集流管上，在热端集流管上安装排风软管，将排风软管和相对应的 KLD20 系统风管连接，同时将 KLD20 系统其他 28 个通风口临时封堵。启动吹扫风机后，吹扫气流通过开口软布袋进入传热管，将传热管中的残水带出，气流通过热端集流管排风软管进入 KLD20 系统，排出 UJA 厂房。由于吹扫软布袋开口角度的限制，吹扫过程中需要每 2 小时将吹扫布袋旋转 60°，如图 2-4-5 所示。

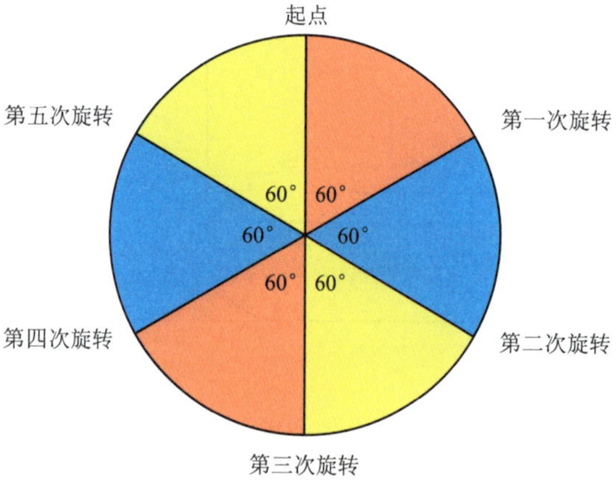

图 2-4-5 吹扫风机在集流管法兰上的安装位置和时间记录

根据现场实际情况，蒸汽发生器传热管吹扫工作可以采取几种组合方式：

1）1、3 号蒸汽发生器同时吹扫传热管。

2）2、4 号蒸汽发生器同时吹扫传热管。

3）1、4 号蒸汽发生器同时吹扫传热管。

4）2、3 号蒸汽发生器同时吹扫传热管。

5）1、2、3、4 号蒸汽发生器单独吹扫传热管。

2.4.3 卧式蒸汽发生器吹扫工艺特点

1）通过大风量风机旋转布袋分区域吹扫传热管，可以在较短的时间内吹出每根传热管内的水，而且能保证在传热管出口气液分离，放射性介质不会释放到安全壳内，同时采用分区吹扫，避免了大量一回路介质或硼酸随排风带出。

2）吹扫排风接入核电站现有排风系统，过滤后排入大气，吹扫不会造成安全壳内环境的放射性污染。

3）吹扫占用主线时间少，使用设备少，不占用其他检修工作空间，吹扫后放射性废物少。

复习思考题

1. 简述蒸汽发生器螺栓拉伸机成套设备的组成及工作参数。

2. 简述蒸汽发生器螺栓拉伸机的工作原理及各部件的功能。
3. 简述如何正确组装连接螺栓拉伸机成套设备及正确操作螺栓拉伸机。
4. 简述安装密封堵板的目的及安装位置。
5. 简述俄供堵板成套设备包括哪些部分及专用工具。
6. 简述俄供堵板成套设备各部件的主要功能。
7. 简述俄供堵板的密封原理。
8. 简述俄供堵板如何正确安装和检验及安装中需要注意的事项。
9. 简述蒸汽发生器机械堵管的基本原理。
10. 简述蒸汽发生器机械堵管成套设备的主要组成部件。
11. 简述蒸汽发生器机械堵管成套设备如何正确连接安装。
12. 简述蒸汽发生器机械堵管成套设备如何正确操作。
13. 简述机械堵管的结构及如何进行机械堵管功能验证。
14. 简述手工焊接堵管的工艺流程。
15. 简述机械堵管和焊接堵管对比的优缺点。
16. 简述蒸汽发生器传热管吹扫的目的和基本原理。
17. 简述蒸汽发生器传热管吹扫成套设备的组成。

第三章 ПГВ-1000М 型蒸汽发生器解体大修

3.1 ПГВ-1000М 型蒸汽发生器人孔和一、二回路集流管顶盖拆卸和装配

3.1.1 先决条件

1）机组维修冷停堆。

2）现在照明、通风、检修电源及环吊恢复可用。

3）螺栓拉伸机等检修工器具均已经运到 UJA34 m。

4）蒸汽发生器上方的第 1、3 块水泥盖板已经打开，通往 29 m 平台的爬梯已经搭好。

5）各法兰及集汽管处的保温已拆卸，现场布置完成。

6）蒸汽发生器二次侧内工作介质已完全排空或者水位低于水下均汽板，一回路水位低于 24 m，二次侧集流管顶盖温度低于 40 ℃。

7）每台蒸汽发生器上方的两块水泥盖板已经更换为临时钢盖板。

8）工作许可证、辐射许可证均已生效。

3.1.2 二回路集流管顶盖拆卸

二次侧螺栓和螺母见图 3-1-1，二次侧垫片见图 3-1-2。

1）使用环吊及专用吊带将螺栓拉伸机放置到二回路集流管的球形顶盖上。

2）将螺栓拉伸机各部件和接线连接完毕。

3）用扳手把二次侧螺栓上的测量杆螺母拆卸并标记，之后放在规定的位置。

4）操作螺栓拉伸机将二回路集流管球形盖上的所有 M52 螺母拧松。

螺栓材料——牌号 38ХН3МФА 合金结构钢，螺母、垫片材料——牌号 25Х1МФА 合金结构钢。

5）将相对位置的两个螺母拧松两转并留在螺栓上，剩余的螺母拧下来并放到指定的托盘里。

6）从每个螺栓上成对地取下带凹凸面的（球形）垫圈，放到指定的托盘里。

7）除两个相对位置的螺栓留下外，其余的全部拧下来放到指定的支架上。

8）用吊带系好并缓慢地吊起二回路球形盖，直到接触到剩余的两个螺母，确认顶盖下介质没有压力。

9）拧下两个螺母，取下球形垫圈，拧下螺栓放入指定的托盘和支架上。

10）利用环吊吊起二回路的顶盖，把顶盖吊到指定地点的垫板上。

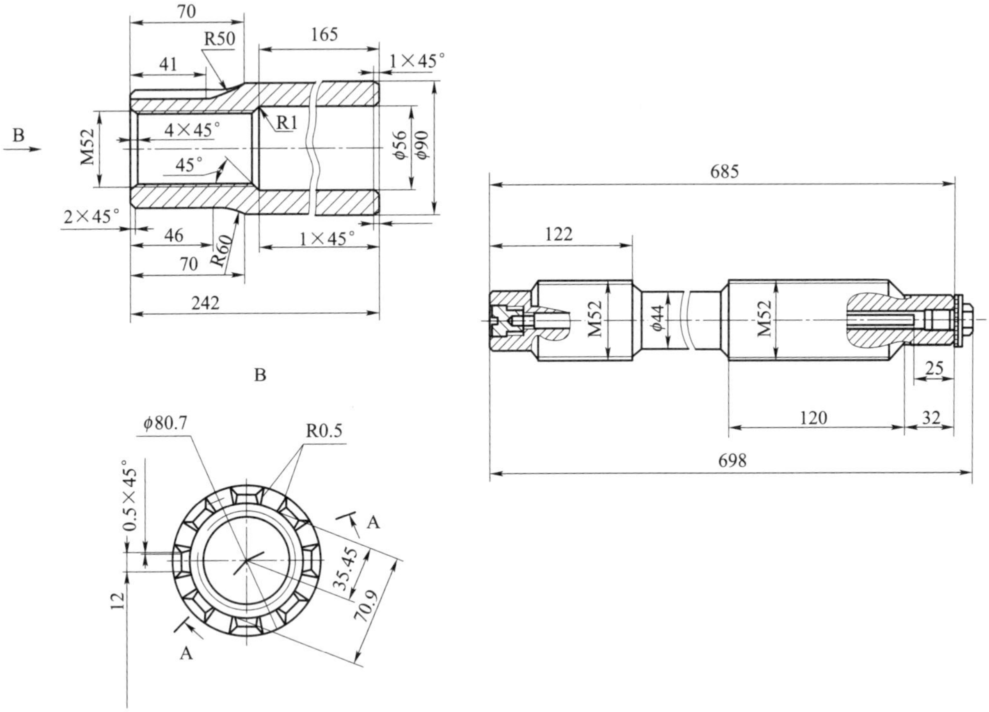

图 3-1-1 二次侧螺栓和螺母

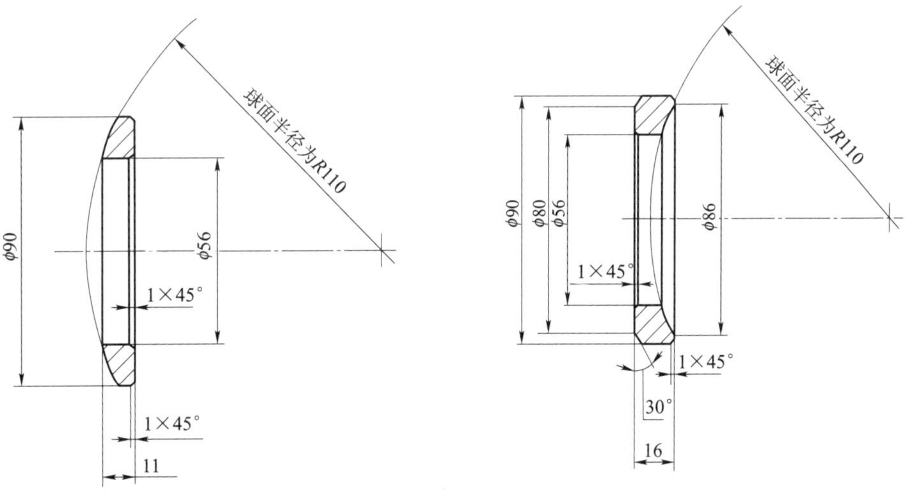

图 3-1-2 二次侧垫片(凹、凸垫)

11) 在打开的集流管法兰面上放置橡胶板,以防止二回路集流管密封面的密封槽受损,并在一、二次侧集流管环向间隙之间用白布临时密封,防止异物掉入二次侧内部。

12) 用橡胶锤子轻敲法兰密封槽中的O形密封圈,并取出。

13) 清洁二回路集流管法兰连接的螺栓、螺母、球形垫圈及法兰密封面。

14) 使用直径 6 mm 带滚珠测量杆的深度百分表检查密封面凹槽,尺寸 A 的高度差在密封槽的整个长度范围内不应超过 0.2 mm(见图 3-1-3)。若高度差大于 0.2 mm,则需要编制单独的工艺方案进行维修处理。

15）配合在役检查人员对清洁完毕的螺栓、螺母、垫片及法兰密封槽和密封面按照金属检查大纲要求进行在役检查。

16）对密封凹槽上检查发现的缺陷,如果深度小于 0.5 mm,采用打磨过渡的方式将缺陷消除；如果深度大于 0.5 mm,需要制定专门修复工艺修复。密封面缺陷根据实际情况制定处理方案。

17）所有检查工作结束后,将球形顶盖翻转(密封面向下)放置在橡胶防护垫上,把旧垫圈放入密封槽内,保护密封槽不受损伤,并在二次侧法兰上放置临时防护盖板。

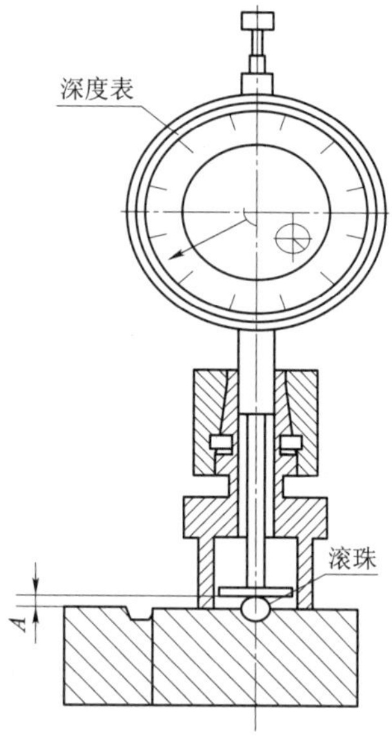

图 3-1-3　密封槽测量

3.1.3　一回路集流管顶盖拆卸

1）使用环吊及专用吊带将螺栓拉伸机放置到一回路集流管的顶盖上。

2）将螺栓拉伸机各部件和接线连接完毕。

3）用扳手把一次侧螺栓上的测量杆螺母拆卸并标记,之后放在规定的位置。

4）操作螺栓拉伸机将一回路集流管球形盖上的所有 M60 螺母拧松。

螺栓材料——牌号 38XH3MΦA 合金结构钢,螺母、垫片材料——牌号 25X1MΦA 合金结构钢。

5）将所有的螺母拧下来并放到指定的托盘里。

6）成对地从每个螺栓上取下带凹凸面的(球形)垫圈,放到指定的托盘里。

7）将所有的螺栓拧下来放到指定的架子上。

8）吊起一回路的顶盖,放到指定地点的垫板上,密封面靠在垫板上。

注意:在吊起一次侧顶盖的时候辐射防护人员必须在场监督测量放射性剂量水平,在起吊后作业人员应及时在集流管法兰上放置临时盖板,避免异物落入。

9）执行传热管吹扫程序,在集流管安装软管,并连接到 KLD20 系统,吹扫一回路传热管。

10）在风机吹扫传热管完毕后,执行堵板安装程序将堵板安装到集流管内。

11）用橡胶锤子轻敲法兰密封槽中的 O 形密封圈,并取出。

12）清洁一回路集流管法兰连接的螺栓、螺母、球形垫圈及法兰密封面(见图 3-1-4)。

13）使用直径 6 mm 带滚珠测量杆的深度百分表检查密封面凹槽,尺寸 A 的高度差在密封槽的整个长度范围内不应超过 0.2 mm。若高度差大于 0.2 mm,则需要编制单独的工艺方案进行维修处理。

14）配合在役检查人员对清洁完毕的螺栓、螺母、垫片及法兰密封槽和密封面按照金属检查大纲要求进行在役检查。

15）对密封凹槽上检查发现的缺陷,如果深度小于 0.5 mm,采用打磨过渡的方式将缺

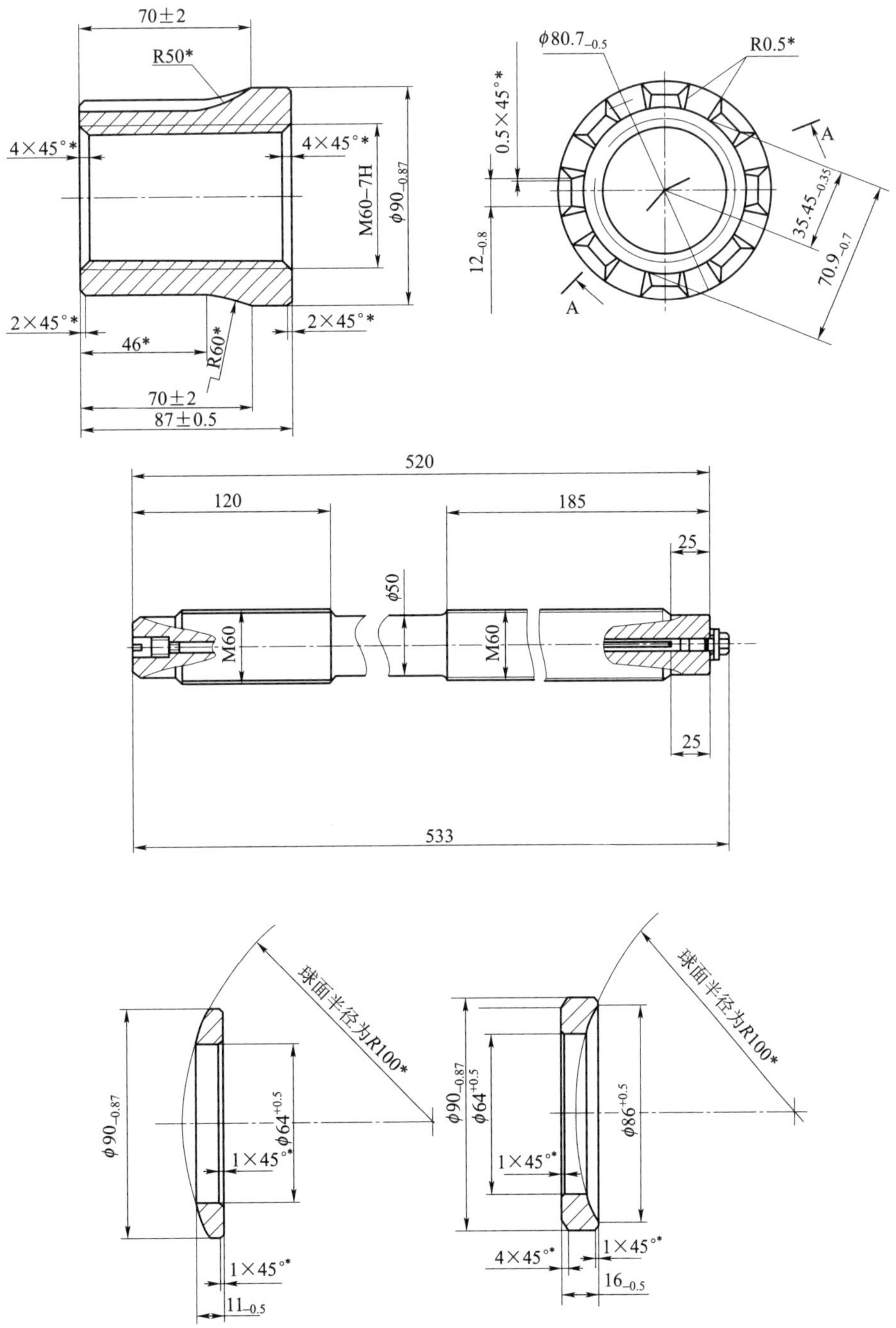

图 3-1-4　一次侧螺母、螺栓及垫片(凹、凸垫片)

陷消除;如果深度大于 0.5 mm 需要制定专门修复工艺修复。密封面缺陷根据实际情况制定处理方案。

16) 维修人员对一次侧顶盖密封面凸台(见图 3-1-5)进行测量,要求满足图纸要求(0.4+0.2) mm。

17) 所有检查工作结束后,将顶盖翻转(密封面向下)放置在橡胶防护垫上,把旧垫圈放入密封槽内，保护密封槽不受损伤，并在一次侧法兰上放置临时防护盖板。

3.1.4 侧面人孔法兰拆卸

1）使用侧面人孔专用扳手拧松人孔盖上的所有 M48 螺母。

2）拧下所有的螺母，放到指定的托盘里。

3）成对地从每个螺栓上取下球形垫圈，放到专用托盘里。

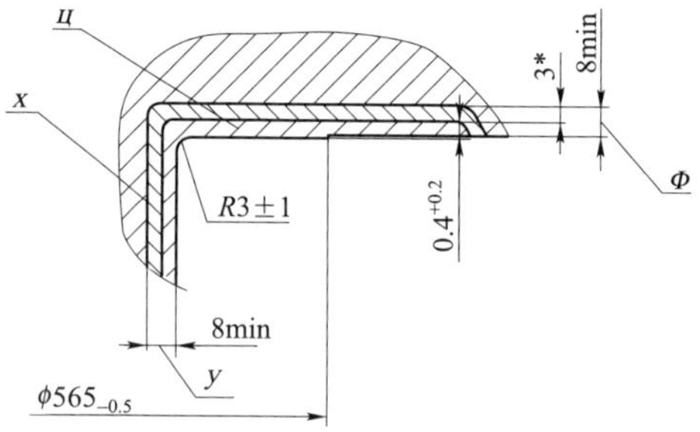

图 3-1-5 一次侧顶盖密封面凸台

4）将所有的螺栓拧下来放到专用的螺栓架上。

5）打开人孔盖，用橡胶锤或者紫铜棒轻敲 O 形密封圈并取出。

6）清洁人孔法兰连接的螺栓、螺母、球形垫圈、螺纹槽上的油和污垢。

7）侧面人孔打开后首先用小风机吹扫内部的水分，使二次侧内部的湿度尽量保持在 40％以下，然后在二次侧内部没有工作时再放 120 kg 硅胶进行干保养，联系仪控室人员在二次侧均汽板上安装温湿度探头，然后临时密封冷热端人孔盖，利用温湿度探头每天侧量二次侧内部温湿度，当内部湿度大于 60％时更换硅胶。

8）使用直径 6 mm 带滚珠测量杆的深度百分表检查密封面凹槽，尺寸 A 的高度差在密封槽的整个长度范围内不应超过 0.2 mm。若高度差大于 0.2 mm，则需要编制单独的工艺方案进行维修处理。

9）配合在役检查人员对清洁完毕的螺栓、螺母、垫片及法兰密封槽和密封面按照金属检查大纲要求进行在役检查。

10）对密封凹槽上检查发现的缺陷，如果深度小于 0.5 mm，采用打磨过渡的方式将缺陷消除，如果深度大于 0.5 mm 需要制定专门修复工艺修复；密封面缺陷根据实际情况确定处理方案。

11）所有检查工作结束后，把旧垫圈放入密封槽内保护密封槽不受损伤，并在人孔法兰上放置临时防护盖板保护密封面。

3.1.5 一回路集流管顶盖装配

1）准备好螺栓拉伸机等密封工具、经过检查的新镍垫圈及调配好的石墨润滑脂。

石墨润滑脂调配要求如下：石墨润滑油必须是 ГОСТ8295-73 牌号 ГС-4，和 ГОСТ6259-75 甘油，质量比例为：25％～33％石墨；75％～67％甘油。石墨润滑油必须是由石墨与甘油混合到糊状黏性物。

2）密封前对泄漏检测管用压缩空气吹扫，直到吹出来的气体没有水分存在。

3）取出集流管内堵板，在拆卸堵板前后要求联系运行处等部门联合对堵板及一回路集流管内表面进行异物检查，主要是通过目视检查，发现异物要及时想办法取出。

4）用不起毛棉白布擦净新的 O 形密封圈、密封面、集流管法兰连接的密封槽、顶盖，并用丙酮对它们进行脱脂。

5）给一回路集流管法兰连接的螺母螺纹孔、螺栓的螺纹和球形垫圈均匀抹上薄薄一层调配好的石墨润滑脂。

6）将 O 形密封圈放置到一回路集流管顶盖密封面的密封槽中，用橡胶锤轻敲 O 形密封圈，将其沿密封槽的表面和长度敲入槽中，直到 O 形密封圈的弹性消失。

7）吊起一回路集流管的顶盖（集流管法兰面上的螺纹孔与顶盖上的孔要重合后）对中集流管法兰面上的孔，检查顶盖安装时的水平度，确保顶盖和集流管法兰面安装时水平。

8）在顶盖下落距法兰面有 100 mm 时，在集流管法兰上安装 4 根导向螺栓。

9）慢慢地将顶盖放到 O 形密封圈上，同时目视检查 O 形密封圈状况，看是否存在 O 形密封圈从槽中露出，而处于非工作状态的情况。如果 O 形密封圈或某一个 O 形密封圈不处于工作状态，则吊起顶盖，重新放置 O 形密封圈。

注意：顶盖的密封面与 O 形密封圈的接触应无歪斜，并且在顶盖吊至离集流管法兰 1 m 左右时再次清洁顶盖密封面，在顶盖离镍垫圈还有 200 mm 时再次仔细用酒精擦拭镍垫圈表面，确保密封圈的清洁。

10）顶盖和集流管法兰完好接触后取出导向螺栓，并在法兰上对称选取 4 个点测量法兰间隙是否均匀，之后回装正式螺栓，将螺栓拧入螺纹孔，一直拧到底，然后往回拧半圈。

11）将球形垫圈放到螺栓上，拧上螺母，一直拧到与垫圈接触。

12）按照蒸汽发生器螺栓拉伸机操作步骤，用环吊将螺栓拉伸机放到一回路冷端集流管顶盖上。

13）调整螺栓拉伸机紧固螺栓值到要求的拉伸值（0.30＋0.02）mm，为保证法兰密封质量，拉伸值尽可能靠上限。

14）拆卸螺栓拉伸机，回装螺栓测量杆螺母。

15）连接打压装置到压力传感器 JET11/12/13/14CP001 上进行密封性试验（气压试验压力 3.5 MPa，保压 30 min，保压过程中不允许有压降），密封性试验保压成功后才能密封二次侧。

- 压力传感器 JET11CP001 对应 1 号蒸汽发生器热端一次侧顶盖；
- 压力传感器 JET12CP001 对应 2 号蒸汽发生器热端一次侧顶盖；
- 压力传感器 JET13CP001 对应 3 号蒸汽发生器热端一次侧顶盖；
- 压力传感器 JET14CP001 对应 4 号蒸汽发生器热端一次侧顶盖。

3.1.6 二次侧集流管顶盖装配

1）准备好螺栓拉伸机等密封工具，经过检查的新镍垫圈及二硫化钼润滑脂。

牌号为 ГОСТ14068-79 ВНИИ НП-232 或西班牙老鹰牌。

2）从二回路集流管法兰密封面上取下保护密封面的橡胶板。

3）用压缩空气进行吹扫泄漏监测管，直至管内吹出的压缩空气无水分。

4）用不起毛白棉布擦净新的 O 形密封圈、集流管法兰连接的密封面、密封槽以及顶盖密封面，并用丙酮或酒精对它们进行脱脂。

5）给二回路集流管法兰连接螺母的螺纹孔、螺栓的螺纹和球形垫圈均匀抹上薄薄一层二硫化钼润滑脂。

6）将 O 型密封圈放置到二回路集流管法兰连接密封面的密封槽中，用橡胶锤轻敲 O 形密封圈，将其沿槽的表面和长度敲入槽中，直到 O 形密封圈的弹性消失。

7）吊起二回路集流管的球形顶盖，对中法兰面上的螺纹孔与顶盖上的孔重合。

8）缓慢下落顶盖，在顶盖距法兰面有 100 mm 时，在集流管法兰上安装 4 根导向螺栓。

9）慢慢地将顶盖放到 O 形密封圈上，同时目视检查 O 形密封圈状况，看是否存在 O 形密封圈从槽中露出，而处于非工作状态的情况。如果 O 形密封圈或某一个 O 形密封圈不处于工作状态，则吊起顶盖，重新放置 O 形密封圈。

注意：顶盖的密封面与 O 形密封圈的接触应无歪斜，并且在顶盖吊至离二次侧法兰 1 m 左右时再次清洁顶盖密封面，在顶盖离镍垫圈还有 200 mm 时再次仔细用酒精擦拭镍垫圈表面，确保密封圈的清洁。

10）顶盖和法兰良好接触后取出导向螺栓，回装正式螺栓，将螺栓拧入螺纹孔，一直拧到底，然后往回拧半圈。

11）将球形垫圈放到螺栓上，拧上螺母，一直拧到与垫圈接触。

12）用环吊把螺栓拉伸机放到二回路球形顶盖上。

13）调整螺栓拉伸机紧固螺栓直到要求的拉伸值（0.75＋0.02）mm，为保证法兰密封质量，拉伸值尽可能靠上限。

14）拆卸螺栓拉伸机，回装螺栓测量杆螺母。

15）连接打压装置到压力传感器 JEA10/20/30/40CP005 上进行密封性试验（气压试验，压力 2.3～2.4 MPa，保压 30 min，保压过程中不允许有压降）。

- 压力传感器 JEA10CP005 对应 1 号蒸汽发生器冷端二次侧顶盖；
- 压力传感器 JEA20CP005 对应 2 号蒸汽发生器冷端二次侧顶盖；
- 压力传感器 JEA30CP005 对应 3 号蒸汽发生器冷端二次侧顶盖；
- 压力传感器 JEA40CP005 对应 4 号蒸汽发生器冷端二次侧顶盖。

3.1.7 侧面人孔法兰装配

1）准备螺栓拉伸机、经过检查的镍垫圈和耗材等。

2）准备紧固件，给螺栓螺纹、螺母孔和垫圈的球形表面抹上薄薄一层二硫化钼润滑脂。

3）用压缩空气吹扫泄漏监测管，直至吹出的压缩空气没有水分。

4）用不起毛白棉布沾丙酮清洁人孔法兰面、O 形密封圈及人孔盖的密封面，脱脂并擦净。

5）将 O 形密封圈放置到人孔盖的密封槽中，用橡胶锤轻敲 O 形密封圈，将其沿槽的形面和长度嵌入槽中，直到 O 形密封圈的弹性消失，为了让 O 形密封圈保持垂直状态，在密封槽内抹上厚厚的二硫化钼润滑脂。

6）利用手动葫芦将人孔盖推向法兰座，直到人孔盖接触到人孔法兰。

7）外观检查密封槽中的 O 形密封圈状况，看是否存在 O 形密封圈有从槽中露出，而处于非工作状态的情况。如果 O 形密封圈或某一个 O 形密封圈不处于工作状态，则打开人孔盖，重新放置 O 形密封圈。

8）先用 4 根螺栓固定人孔盖，螺栓相对分布在法兰座上，检查法兰密封间隙均匀后回装其余螺栓。

9）将螺栓拧入螺纹孔，一直拧到底，然后往回拧半转，将球形垫圈放到螺栓上，先放凹面垫圈，再放凸面垫圈。拧上螺母，直到接触到垫圈。

10）安装螺栓拉伸机到人孔盖上。

11）调节螺栓拉伸机紧固所有螺栓到规定值(0.30+0.02) mm，为保证法兰密封质量，拉伸值尽可能靠上限。

12）拆除螺栓拉伸机，回装螺栓测量杆螺母。

13）连接打压装置到压力传感器 JEA10/20/30/40CP003 上进行密封性试验(气压试验，压力 2.3～2.4 MPa，保压 30 min，保压过程中不允许有压降，压力表等级 1.5 级)。

- 压力传感器 JEA10CP003 对应 1 号蒸汽发生器冷端侧面人孔；
- 压力传感器 JEA20CP003 对应 2 号蒸汽发生器冷端侧面人孔；
- 压力传感器 JEA30CP003 对应 3 号蒸汽发生器冷端侧面人孔；
- 压力传感器 JEA40CP003 对应 4 号蒸汽发生器冷端侧面人孔。

3.2 ПГВ-1000М 型蒸汽发生器一、二回路和二次侧人孔法兰连接衬环空间密封性检查

在蒸汽发生器一、二回路及侧面人孔法兰正式密封完成后，需要对法兰连接的质量进行验证，因此在密封后要进行密封性试验验证。主要工作内容如下：

3.2.1 准备工作

蒸汽发生器各法兰接合面正式密封所有阶段的工作已经完成，且只有在集流管一次侧法兰连接密封试验合格后，才可以密封集流管二次侧法兰。

1）JET11/12/13/14CP001/002，JEA10/20/30/40CP004/005，JEA10/20/30/40CP002/003 压力变送器旁的丝堵已经拆除。

2）JET11/12/13/14AA101/102，JEA10/20/30/40AA502/503/504/505 阀门处于关闭状态。

3）打压阀组及管线、压力表、氩气瓶、检漏液等打压试验工器具准备完毕。

3.2.2 集流管一次侧法兰面密封性检查

1）现场将打压阀组、压力表、高压软管、氩气瓶与相应的压力传感器旁的丝堵接头部位(JET11/12/13/14CP001/002)连接完毕。

2）检查确认 JET11/12/13/14AA101/102，JET11/12/13/14AA301/302 阀门处于关闭状态。

3）检查气瓶与传感器之间高压管线及阀组的密封性，压力 3.5 MPa，保压时间 2～3 min。

4）均匀缓慢打开 JET11/12/13/14AA301/302 阀门，向泄漏监测管线充氩气。

5）当压力表显示一回路蒸汽发生器集流管接合面衬环空间压力达到 3.5 MPa 时，关闭进气阀。

6）观察 2～3 min，以便稳定被检查接合面衬环空间和脉冲管线内介质温度，检查压力有无下降，若有则打开进气阀补充至 3.5 MPa。

7）压力稳定后，开始计时，保压 30 min；观察压力表读数，若无下降则试验合格，若有下

降，则用检漏液进行查漏。

注意：若压力下降查漏时，主要打压边界内的连接部位及泄漏监测管焊缝部位，若上述部位未发现泄漏缺陷，通常泄漏可能是由于边界隔离阀 JET11/12/13/14AA101/102 有内漏。

8）保压合格后，通过阀组卸压阀缓慢卸压，将打压管线从传感器上拆除。

3.2.3 集流管二次侧法兰面密封性检查

1）现场将打压阀组、压力表、高压软管、氩气瓶与相应的压力传感器旁的丝堵接头部位(JEA10/20/30/40CP004/005)连接完毕。

2）检查确认 JEA10/20/30/40AA304/305，JEA10/20/30/40AA504/505 阀门处于关闭状态。

3）检查气瓶与传感器之间高压管线及阀组的密封性，压力 2.3～2.4 MPa，保压时间 2～3 min。

4）均匀缓慢打开 JEA10/20/30/40AA304/305 阀门，向泄漏监测管线充氩气。

5）当压力表显示二回路蒸汽发生器集流管接合面衬环空间压力达到 2.3～2.4 MPa 时，关闭进气阀。

6）观察 2～3 min，以便稳定被检查接合面衬环空间和脉冲管线内介质温度，检查压力有无下降，若有则打开进气阀补充至 2.3～2.4 MPa。

7）压力稳定后，开始计时，保压 30 min；观察压力表读数，若无下降则试验合格，若有下降，则用检漏液进行查漏。

注意：若压力下降查漏时，主要打压边界内的连接部位及泄漏监测管焊缝部位，若上述部位未发现泄漏缺陷，通常泄漏可能是由于边界隔离阀 JEA10/20/30/40AA504/505 有内漏。

8）保压合格后，通过阀组卸压阀缓慢卸压，将打压管线从传感器上拆除。

3.2.4 侧面人孔法兰面密封性检查

1）现场将打压阀组、压力表、高压软管、氩气瓶与相应的压力传感器旁的丝堵接头部位(JEA10/20/30/40CP002/003)连接完毕。

2）检查确认 JEA10/20/30/40AA302/303，JEA10/20/30/40AA502/503 阀门处于关闭状态。

3）检查气瓶与传感器之间高压管线及阀组的密封性，压力 2.3～2.4 MPa，保压时间 2～3 min。

4）均匀缓慢打开 JEA10/20/30/40AA302/303 阀门，向泄漏监测管线充氩气。

5）当压力表显示人孔法兰接合面衬环空间压力达到 2.3～2.4 MPa 时，关闭进气阀。

6）观察 2～3 min，以便稳定被检查接合面衬环空间和脉冲管线内介质温度，检查压力有无下降，若有则打开进气阀补充至 2.3～2.4 MPa。

7）压力稳定后，开始计时，保压 30 min；观察压力表读数，若无下降则试验合格，若有下降，则用检漏液进行查漏。

注意：若压力下降查漏时，主要打压边界内的连接部位及泄漏监测管焊缝部位，若上述部位未发现泄漏缺陷，通常泄漏可能是由于边界隔离阀 JEA10/20/30/40AA502/503 有内漏；

8）保压合格后，通过阀组卸压阀缓慢卸压，将打压管线从传感器上拆除。

3.3　ПГВ-1000М 型蒸汽发生器维修期间传热管吹扫

在机组停机大修蒸汽发生器解体检修时，为满足蒸汽发生器传热管涡流检查要求，需要对蒸汽发生器传热管进行吹扫，将残留在传热管内部的一回路冷却剂排除。由于吹扫工作涉及运行、仪控及辐射防护等多部门配合作业，因此需要按照以下要求逐步执行。

3.3.1　现场条件

1）按隔离许可证设备已隔离完成。

2）蒸汽发生器一次侧集流管内部液位低于 23.2 m。

3）现场照明、通风条件满足维修需要，蒸汽发生器各法兰处的保温已拆卸，从 34 m 到蒸汽发生器 29 m 维修平台间的爬梯已经搭好。

4）蒸汽发生器一次侧集流管人孔已打开。

5）在 UJA 29 m 平台建立污染隔离区，在 UJA34 m 大厅已清场。

6）QEB 系统处于可用状态，气体分配器、供气管处于可用状态。

7）每个蒸汽发生器准备一台通风小车，且通风小车处于可用状态。

8）蒸汽发生器吹扫所需要的风管、法兰及工具到位。

9）在 UJA 34 m 平台辐射防护人员摆放 ABPM201M（气溶胶监测仪）。

3.3.2　风险分析及应急措施

3.3.2.1　UKA、UKD、UKC 厂房空气辐射信号及相关地坑液位报警时的风险分析和应急措施

（1）风险分析

UKA、UKD、UKC 厂房的排风管上设置的气溶胶辐射监测仪表报警（当其中一个监测值大于 100 Bq/m^3）及 UKA 厂房 KTH、KPK 相关地坑液位报警信号会自动触发 KLE30 过滤工况运行，此工况下，KLE20 相应支路阀门自动关闭，KLE30 相应支路阀门自动打开，同时自动关闭 KLD20AA105、KLD20AA106，安全壳排风将被切断，该状态将影响蒸汽发生器吹扫工作的连续进行；在核辅助厂房（UKA）及核安全厂房（UKD）/环行空间三个排风支路上均设置一个碘辐射监测仪表，当其中一个监测值大于 10 Bq/m^3 时，辐射监测人员将报告主控，操纵员将启动 KLE30 系统相应支路排风，该状态将影响蒸汽发生器吹扫工作的连续进行。

（2）应急措施

1）运行和维修人员在进行隔离、放水操作和解体维修工作时严格执行相关的规程和辐射防护的规定，辐射防护人员加强监督，必要时通知去污。

2）运行人员严密监测 UKA 厂房相关地坑液位，液位报警时及时排水将液位降低到正常范围；在进行隔离、放水操作时严格按规程执行，避免地坑液位超出限值；为避免在蒸汽发生器吹扫

过程中地坑液位因排水操作而频繁报警,OPT通风系统工程师在吹扫前提出仪控逻辑变更的申请,屏蔽KLE30EG003、KLE30EG002、KLE30EG007中自动触发KLE30EC001、KLE30EC002的地坑液位信号。

3)为尽量保证蒸汽发生器吹扫工作的连续进行,在吹扫前进行仪控逻辑变更,屏蔽设置在KLE20支管上的自动触发KLE30EC001、KLE30EC002的气溶胶辐射信号:KLE20CR001、KLE20CR002、KLE20CR003、KLE20CR004、KLE20CR005,KLE20CR006。

4)为避免放射性气体外泄,采取以下措施:

• 辐射防护人员和运行人员严密监测排气烟囱内的辐射信号。

• 辐射防护人员和运行人员严密监测KLE20支管路上气溶胶辐射仪表:KLE20CR001、KLE20CR002、KLE20CR003、KLE20CR004、KLE20CR005、KLE20CR006(Alarm值100 Bq/m^3,Warn值50 Bq/m^3)及^{131}I辐射仪表:KLE20CR007、KLE20CR008、KLE20CR009(Alarm值20 Bq/m^3,Warn值10 Bq/m^3)。

• 当KLE20支管路上辐射信号报警时,辐射防护人员按要求进行汇报和响应。保健物理处环境科根据允许排放量确定是否允许继续排放,允许排放时继续排放。不允许继续排放时,主控值长将执行以下操作并汇报大修指挥部。

• 当KLE20一个支路超标,KLE30转UKD或UKA厂房辐射超标支路排风(关闭KLE20相应支路阀门,打开KLE30相应支路阀门),蒸汽发生器吹扫转KLD20净化模式进行(具体操作按操作单执行)。

• 当KLE20两个支路超标,停止蒸汽发生器吹扫工作,KLE30转UKD或UKA厂房辐射超标支路排风。

3.3.2.2 KLD20 KLE30过滤机组过滤器失效的风险分析及应急措施

(1)风险分析

在进行蒸汽发生器吹扫过程中,因空气品质差,可能会引起过滤器压差报警;若所排空气体积活度较大,可能会造成过滤器失效,这将引起排气烟囱中的辐射信号报警。

(2)应急措施

1)过滤器压差报警和过滤器失效时,根据压差报警信号的位置和报警信号的分类(气溶胶或^{131}I)更换过滤机组高效过滤器或碘吸附器。

2)更换前通知保健物理处,更换时严格按规定安装,确保螺栓的紧固和排架的密封。在蒸汽发生器吹扫前请维修准备好过滤器备件并作好相关准备,尽量缩短蒸汽发生器吹扫停运的时间。

3.3.2.3 KLD20 KLE30过滤器前湿度高风险分析及应急措施

KLD20CM002 KLE30CM002湿度≥70%时,会造成碘吸附器过滤效率下降。若出现异常现象造成湿度大于70%,则暂时关闭1台蒸汽发生器的吹扫送风机,需要时关闭KLD20对应排风支路排风阀,湿度正常后恢复。

3.3.2.4 安全壳内辐射水平上升或外排气体辐射水平超标时的风险和应急措施

1)在KLE30以50 000 m^3/h大风量运行时可能会使安全壳内辐射水平上升,当出现报警时,蒸汽发生器吹扫工作转KLD20净化模式运行。

2)当过滤器后外排气体辐射水平超标时,保健物理处环境科根据允许排放量确定是否允许继续排放，允许排放时继续排放，不允许继续排放时，通知主控值长停止蒸汽发生器吹扫工作。

3.3.3　准备工作

1）现场准备好吹扫所需要的风机、排风软管、吹扫布袋、连接法兰、电源接线盘等工器具。

2）办理吹扫工作票，隔离关闭阀门KLD20AA143、KLD20AA144，关闭KLD20AA132、KLD20AA134，KLD20送排风系统正常运行。

3）准备以下仪控逻辑变更的申请，在蒸汽发生器开始吹扫前由仪控室实施：

屏蔽KLE30EG003、KLE30EG002、KLE30EG007中自动触发KLE30EC001、KLE30EC002的地坑液位信号；屏蔽设置在KLE20支管上的自动触发KLE30EC001、KLE30EC002的气溶胶辐射信号：KLE20CR001、KLE20CR002、KLE20CR003、KLE20CR004、KLE20CR005、KLE20CR006。

3.3.4　蒸汽发生器1、3号传热管的吹扫

1）工作负责人取得工作票后将KLD20排风系统在UJA16420（2处共计10个风口），UJA 08120（2处共计4个风口），UJA16121（2处共计10个风口），UJA 22120（2处共计4个风口）用厚塑料布临时封堵，周边用胶带粘贴，避免漏风，工作票放在隔离办。

2）将排风软管与1、3号蒸汽发生器热端集流管口对应的KLD20排风口相连，同时用盲板封堵2、4号蒸汽发生器对应的KLD20排风短管接口。打开1、3号蒸汽发生器热端集流管端盖，将1、3号蒸汽发生器排风软管与热端集流管相连接。

3）把吹扫的布袋、法兰依次安装到1、3号蒸汽发生器冷端集流管内。

4）在1、3号蒸汽发生器冷端集流管上安装吹扫用风机并固定，点动风机验证风机叶轮转向正确。

5）上述安装工作结束后，通知主控室吹扫工作准备完成，执行1、3号蒸汽发生器双吹。

6）对UJA进行清场，非吹扫人员禁止入内。

7）维修人员根据主控操作员指令接通蒸汽发生器吹扫风机电源开始吹扫，接通吹扫风机电源并监测风机运行正常后人员撤离UJA34120，辐射防护人员定期进入34 m大厅监测辐射状态的变化，并决定非吹扫人员是否进入UJA工作。

8）每经过2 h，通知主控准备停风机转布袋，得到主控允许后，吹扫维修人员进入34 m大厅，到蒸汽发生器29 m维修平台停运风机并吊起风机，然后维修人员手动旋转吹扫布袋60°，然后固定风机后再次通知主控风机已经转好方向，是否可以启动风机，得到主控允许后再次吹扫；旋转风机时必须检查布袋的完整性——既防异物进入蒸汽发生器又可保证吹扫风量。

9）重复上述指令，总共旋转5次。1、3号蒸汽发生器吹扫完毕时，通知主控并停运蒸汽发生器吹扫送风机，拆除1、3号蒸汽发生器冷端集流管上的吹扫风机，拆除1、3号蒸汽发生器排风软管，用盲板封堵1、3号蒸汽发生器对应的KLD20排风短管接口。如果不再吹扫其余蒸汽发生器，则拆除临时封堵风口的塑料布，负责人到隔离办归还工作票；如果继续吹扫其他蒸汽发生器时，则工作负责人到隔离办更改指令。

10）在吹扫过程中如果出现异常情况（KLE20支路放射性体积活度超标，过滤器失效

或空气湿度大等)，根据运行指令就地停运送风机。

根据实际情况，还允许2、4号蒸汽发生器，1、4号蒸汽发生器，2、3号蒸汽发生器及单台1、2、3、4号蒸汽发生器分别进行吹扫工作，吹扫准备工作及吹扫过程同1、3号蒸汽发生器吹扫方式一致。具体可参考维修程序CMS-X-JEA00-002《蒸汽发生器传热管吹扫程序》中的要求。

3.4 ПГВ-1000М型蒸汽发生器维修期间的保养

蒸汽发生器在大修期间长期退出运行状态，为了保证蒸汽发生器二次侧金属部件不因环境湿度过大而受到腐蚀，影响设备使用寿命，需要对二次侧进行保养。

3.4.1 工作准备

1）蒸汽发生器二次侧已经隔离并排空，二次侧人孔已经打开。

2）所需劳保、防护用品、照明灯具、温湿度探头、氧表、托盘、硅胶等物品准备完毕。

3.4.2 保养实施

1）使用不起毛白布及橡胶板临时密封集流管法兰处一、二回路间的间隙。

2）使用风机对蒸汽发生器二次侧进行通风干燥，保持二次侧内部湿度低于55%，直到二次侧内部没有其他工作时再放置硅胶进行保养。

3）在蒸汽发生器二次侧内部水下均汽板上均匀布置10个塑料托盘，每个托盘内盛放6袋2 kg装的硅胶。

注意：硅胶包装不允许有破损，应在蒸汽发生器外放入托盘中，搬运时要小心，不允许硅胶散落到二次侧内；

4）使用3～4 mm厚的石棉橡胶垫、临时盖板及4套正式螺栓螺母密封侧面人孔。

5）使用不锈钢粘胶带密封人孔法兰和临时盖板的缝隙。

3.4.3 保养状态检查

使用安装在蒸汽发生器二次侧的温湿度探头进行测量。每个蒸汽发生器配有3个温湿度探头，探头安装在水下均汽板上。检查时需要在设备外读取所有数据并填入检查表。如果测量的湿度大于50%，则需要更换硅胶。

3.4.4 硅胶的更换

1）打开一侧的人孔，拆掉工艺盖板。

2）测量蒸汽发生器二次侧内的氧含量，当氧含量不小于19%时才允许开始工作，当氧含量达不到要求时可以使用QEB系统压缩空气进行补充。

3）工作人员进入蒸汽发生器二次侧，依次将盛有硅胶的托盘从人孔递出。注意：运输过程中放置硅胶散落到蒸汽发生器二次侧内部。

4）对取出的硅胶数量进行清点，确保取出数量和上次放入的数量一致，并填写到记录中。

5）将新硅胶放入托盘后依次递入蒸汽发生器二次侧，在均匀布置的10个托盘内盛6袋2 kg装的硅胶。在递入的过程中注意清点硅胶数量，并填写到记录表中。

注意：只有在蒸汽发生器内部有工作人员接应时才允许将托盘递入蒸汽发生器人孔，防止托盘翻落到封头底部。

6）使用3～4 mm厚的石棉橡胶垫、临时盖板及4套正式螺栓螺母重新封闭侧面人孔。

3.4.5 退出保养

1）只有根据大修指挥部退出保养的计划指令，才允许实施退保养工作。

2）打开一侧人孔，拆掉工艺盖板并填写表格。

3）测量二次侧内氧气含量大于19%才允许工作人员进入。

4）工作人员依次将盛有硅胶的托盘从人孔递出。

5）对取出的硅胶数量进行清点，取出数量应该和放入数量一致，并填写到记录表中。

复习思考题

1. 简述蒸汽发生器一、二回路集流管及人孔螺栓、螺母、垫片规格、材质及结构。

2. 蒸汽发生器一、二回路集流管及人孔法兰密封螺栓拉伸量是多少？

3. 蒸汽发生器进行解体维修时有哪些注意事项及检查项目？

4. 一回路和二回路螺栓用润滑材料有何不同？为什么？

5. 各蒸汽发生器一回路、二回路及人孔法兰泄漏监测传感器对应的KKS编码是什么？

6. 如何进行一、二回路及人孔法兰密封后的打压验证？打压介质和压力是多少？

7. 传热管吹扫开始前需要办理哪些手续，具备什么条件，开始后需要注意什么？

8. 简述传热管吹扫的组合方式。

9. 蒸汽发生器维修期间如何进行保养？

第四章　ПГВ-1000М型蒸汽发生器缺陷案例分析

田湾核电站ПГВ-1000М型蒸汽发生器在从调试安装到运行大修期间进行过多次解体维修工作，在检查维护中发现了很多缺陷，通过俄方专家和中方技术人员的共同努力，所有缺陷都按照制定的维修工艺方案得到了妥善处理，使得蒸汽发生器能够保持良好的运行状态。现对一些典型的设备缺陷案例进行分析，供所有蒸汽发生器维修人员参考学习。

4.1　ПГВ-1000М型蒸汽发生器一回路泄漏监测管缺陷处理

蒸汽发生器一回路泄漏监测管是用于监测一回路集流管密封面两道密封圈之间环腔压力的装置，用于监测和判断一回路密封是否有泄漏，在集流管内壁有一段半管和一回路接触，管线穿过集流管后进入蒸汽发生器二次侧，管线最终从二次侧壳体穿出和外部监测管线及仪表连接。

泄漏监测管线的典型缺陷类型如下。

4.1.1　泄漏监测管112焊缝(集流管半管)泄漏缺陷

蒸汽发生器一回路泄漏监测管在集流管内的布置为 ϕ25 mm×3 mm不锈钢管半管焊接，焊缝编号为112，其中在热集流管内的焊缝编号为112-1(见图4-1-1)。

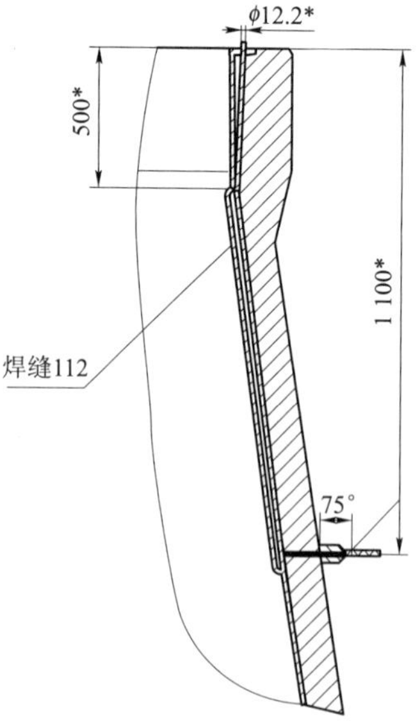

图4-1-1　集流管内泄漏监测管112-1焊缝

4.1.1.1　事件经过

2005年12月20日，田湾核电站1号机组首次进入临界状态，这时主控操作员发现3号蒸汽发生器一回路泄漏监测管压力传感器1JET13CP001压力指示升高，超过0.5 MPa，操作员手动开启电动阀JET13AA101进行卸压，压力指示下降至0.1 MPa后关闭电动阀JET13AA101，继续观察压力变化趋势。4 h后压力再次上升超过0.5 MPa，再次卸压后压力未见升高。因为12月18日曾经出现过压力升高的事件，当时进行了卸压，之后压力没有再升高，当时判断可能是测量仪表故障，所以决定继续观察。12月20日11:00，压力传感器1JET13CP001压力再次升高超过0.5 MPa，而且压力出现多次波峰和波谷的波动情况，且呈现衰减趋势，这种反常的压力显示更增加了该测量仪表故障的可能性，于是仪控人员、现场操作员和设备管理人员进入现场检查就地测量仪表情况，同时化学取样人员对该管道内的介质进行取样分析，仪控人员拆卸该压力表进行校准，现场人员沿着 JET13 管线用手触摸管线进行检查，只是在距离蒸汽发生器热端出口处有一定温度，4 m 之后用手感觉为常温，在校表过程中，化学人员取样分析结果显示所测介质的化学成分和一回路冷却剂的化学成分相似，于是初步判断 3 号蒸汽发生器热端集流管一次侧法兰内垫圈泄漏，根据 FSAR 16.5.4.1 的规定，机组立即后撤至冷态。

12 月 22 日，在机组状态允许的情况下，开始打开 3 号蒸汽发生器热端一、二次侧集流管顶盖，并对电动阀 1JET13AA101 进行抽芯检查，排除内漏并保证下一步的密封性试验。打开一次侧顶盖后在密封面上发现白色结晶物，化学取样人员取样后分析为硼酸结晶，对密封面、O 形镍垫圈以及螺栓也进行目视、着色检查，之后安装打压工具，按照方案要求对该泄漏监测管 JET13 进行 17.6 MPa 的水压试验，保压 1 h，但是开始压力一直没法保持，检查各个接管接头未发现有泄漏，最后打开 3 号蒸汽发生器热端集流管上安装的打压工具上方盖板，发现一回路泄漏监测管在集流管内的焊缝 112-1 有一处漏点(见图 4-1-2)，之后对此焊缝进行目视、着色检查，确认在该焊缝处有 $\phi 0.3$ mm 的穿透性气孔，焊缝顶部有一处表面熔合不良。

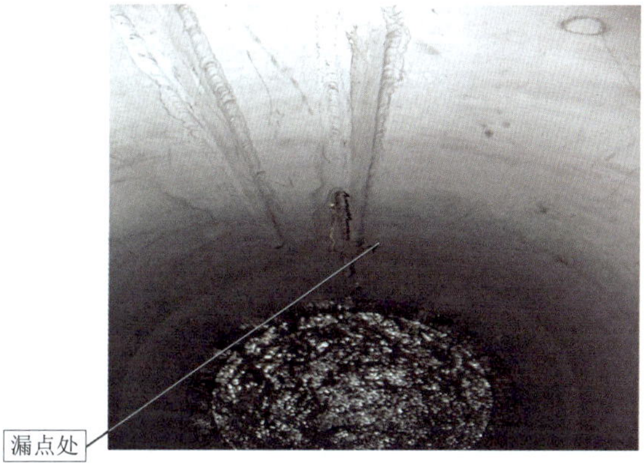

图 4-1-2　焊缝 112-1 漏点

12 月 29 日，经过对补焊工艺评定和焊工考核合格后，按照方案对 112-1 焊缝漏点处进行打磨、补焊修复，并进行了目视、着色检查，之后进行了 17.6 MPa 的水压试验，保压 1 h，压力表指示未发生变化，卸压后对 JET13 管线内的水质进行了取样分析，未发现硼酸成分。在正式密封 3 号蒸汽发生器一次侧顶盖后，对泄漏监测管线 JET13 进行了气密性试验(方案为 80～110 kgf/cm^2)，实际压力为 95 kgf/cm^2，保压 30 min，压力表未发生变化。

2006 年 1 月 7 日，1 号机组重新进行一回路水压试验，再次发现 3 号蒸汽发生器一回路泄漏监测管压力传感器 1JET13CP001 压力上升，机组决定再次后撤至冷态。2006 年 1 月 8 日重新打开 3 号蒸汽发生器热端集流管进行检查，根据中俄双方的建议，对泄漏监测管进行氦气检漏，当氦气压力为 1.0 MPa 时，未发现泄漏，当氦气压力升至 4.5 MPa 时，发现 112-1 焊缝处有 10 处漏点(见图 4-1-3)。为了检查其他几台蒸汽发生器的一回路泄漏监测管是否也存在安全隐患，于是把

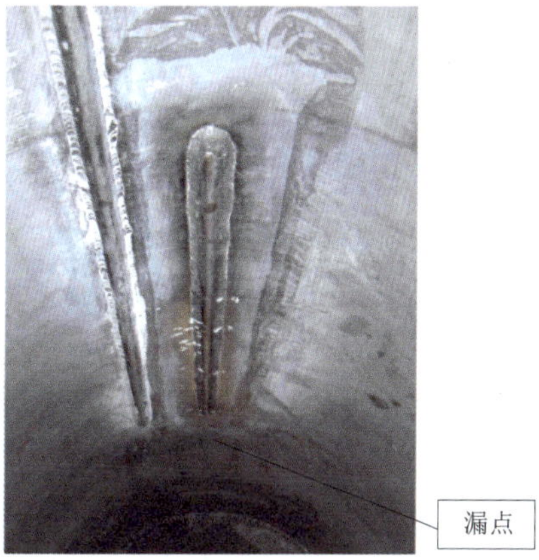

图 4-1-3　112-1 焊缝漏点

4台蒸汽发生器冷热集流管全部打开，并用压力为3.5 MPa的氦气进行检查，结果其余7条112-1焊缝未发现异常。

经过中俄双方讨论，最终确定了3号蒸汽发生器112-1焊缝的修补方案：决定把焊缝全部挖除，背面用氩气作为保护气体，进行分段挖除后再焊接。第一层焊接完成后对焊缝进行了液体渗透检查，然后对发现的缺陷处进行修补，并再次进行液体渗透检查，合格后进行第二层焊接；第二层焊接完成后对112-1焊缝进行了0.5 MPa的氦气检查，保持10 min，未发现异常，于是再进行第三层焊接；第三层焊接完成后进行了目视及液体渗透检查，结果合格。但是在进行3.5 MPa氦气检查时发现有漏点，根据出厂文件，焊缝112-1属于四级焊缝，所以决定更改检查方案，用10.78 MPa的氩气进行气密性试验（保压30 min）和0.5 MPa的氦气进行10 min保压试验。在进行0.5 MPa氦气检漏时未发现异常，但是在进行10.78 MPa氩气气密性试验和背面鼓泡试验时，发现有两处缺陷。修复后重新进行10.78 MPa氩气气密性试验（背面进行鼓泡试验），结果合格；进行液体渗透试验，结果合格；之后再次进行0.5 MPa氦气检漏（保压10 min），未发现异常。

2006年1月24日，1号机组一回路进行了水压试验，3号蒸汽发生器一回路泄漏监测管未见异常。

4.1.1.2 原因分析

（1）查阅俄供资料

根据图纸428.05.01TБ2中规定，焊缝112的焊接过程检验证编号为322-07；焊材检查项目包括焊缝金属及堆焊层金属化学成分确认、抗晶间腐蚀、铁素体含量；焊缝检查项目包括液体渗透检查、蒸汽发生器组装后水压试验和气密性试验检查。

3号蒸汽发生器112-1焊缝使用的焊丝为СБ-04Х19Н11М3，批号：D78250，直径ϕ2 mm。

对112-1焊缝进行了两次液体渗透检查（水压试验前后）、氦气检漏试验、水压试验，结果满足技术规格书要求。

半管图号1203.40.04.212，材料为：08Х18Н10Т，炉号：47798，批号：273，生产日期：1983年1月25日。

集流管内表面堆焊层分为两层（СВ-07Х25Н13＋СВ-04Х20Н10Г2Б），第一层为Ч，第二层为Ш；进行了目视、液体渗透以及超声波检查，见合格证1203.40.04.000ПС。

焊接工艺评定得到俄罗斯国家安全局确认。

3号蒸汽发生器112-1焊缝的施焊焊工编号为7号，该焊工同时完成了3号蒸汽发生器112-2、4号蒸汽发生器112-1以及112-2焊缝的焊接；资料检查结果满足俄罗斯国家标准要求。

（2）过程分析

该焊缝的气密性检查登记为Ⅳ级，按照俄罗斯标准ПНАЭГ-7-019-89规定：Ⅳ级密封可以采用水压试验法进行，所以第一次发生泄漏后，根据俄方方案对缺陷处进行补焊后严格按照俄方要求的检查方式进行（液体渗透检查和水压试验），结论合格。

考虑到1号机组2003年第一次一回路水压试验时，3号蒸汽发生器一回路泄漏监测管1JET13CP001就出现压力显示的情况，初步分析认为：在制造厂该焊缝就存在这个穿透性缺陷。所以第一次处理方案也是基于上述分析而制定的，并且补焊后按照技术规格书进行了液体渗透法以及水压试验，检查未发现异常，合格后认为能够保证该焊缝的正常使用。

2006 年 1 月 7 日，一回路再次进行水压试验时，1JET13CP001 仍然出现压力信号，对该焊缝进行目视、液体渗透检查、1 MPa 氦气检漏都未能发现其漏点，至此，分析认为：按照技术规格书规定的检查手段已经不能够保证该焊缝正常使用。为此，决定对 3 号蒸汽发生器 112-1 焊缝增加检查手段：

• 将氦气压力升至 4.0 MPa，发现焊缝有 10 处漏点(对 1 号机组其他几台蒸汽发生器的 7 条 112 焊缝进行了 3.5 MPa 氦气检漏，没有发现任何泄漏)；

• 氦气检漏压力升至 4.5 MPa 时，焊缝背面用鼓泡检漏液检查，发现有两处鼓泡。

基于上述分析，确定了第二次维修方案：

• 整条焊缝全部切除后重新施焊；

• 焊接过程中增加检查手段(焊接第一层、第二层时增加 0.5 MPa 氦气检漏，整体焊缝增加 3.5 MPa 氦气检漏)。

但是在维修过程中俄方对维修方案又进行了两次修改：

• 第一层焊接打底完成后采用液体渗透法代替 0.5 MPa 的氦气检漏，对发现的 9 处缺陷进行修复，渗透检查合格后进行第二层焊接；

• 整条焊缝焊接完成后进行了目视检查、液体渗透检查、0.5 MPa 氦气检漏，合格后，采用 10.98 MPa 氩气气密性试验代替 3.5 MPa 的氦气检漏；

• 在进行 10.98 MPa 氩气气密性试验检查时，中方增加了焊缝背面涂抹鼓泡检漏液，结果发现有两处微漏点，维修后再次进行氩气试验，背面鼓泡试验合格，其他按照技术规格书要求的项目：目视检查、液体渗透检查、10.98 MPa 氩气气密性试验、0.5 MPa 氦气气密性检查全部合格，至此 112-1 焊缝的维修工作全部结束。

相对于 3 号蒸汽发生器第一次 112-1 焊缝维修检查手段，第二次增加了 10.98 MPa 氩气气密性检查(背面鼓泡)试验和 0.5 MPa 氦气气密性检查。

(3) 根本原因

1) 设计原因

① 112 焊缝是半管直接焊接在集流管内的堆焊层上，构成一回路泄漏监测管在集流管内的一个腔室，两道密封槽之间的管线直接钻孔到该腔室，集流管材料为 10ГН2МФА-Ш，集流管内堆焊层的焊材材料为 CB-07X25H13 和 CB-04X20H10Г2Б，这样在堆焊层和管线接触处由于一回路冷却剂的泄漏很容易产生腐蚀，进而造成 112 焊缝的腐蚀，所以此处应该改进；

② 由于半管是直接焊接在集流管内的堆焊层上，而该堆焊层如果存在质量问题则直接将导致 112 焊缝的泄漏，也就是说，112 焊缝是焊接在一种不确定的母材上的，这样使得泄漏的概率增大。

2) 工厂制造原因

112 焊缝在工厂制造时焊接工艺背面不进行充氩保护，这点与中方的焊接工艺区别较大，俄方这种焊接工艺特别强调焊工技能，焊缝既要焊透，又不能过透，以免造成背面发渣。在现场观察俄方焊工用这种工艺焊接时：焊接时焊丝熔化较多，母材熔度较小。如果焊工状态不佳，容易造成背面未焊透或者过透缺陷以及背面发渣缺陷。焊缝打底背面发渣后如果继续焊接，容易出现针状气孔、夹渣等微小的穿透性缺陷。用内窥镜检查 112 焊缝内部，发现缺陷处背面有发渣现象。

3）焊工技能原因

虽然在田湾现场焊接维修时增加了背面充氩工艺，但是由于俄方焊工还是习惯于背面不充氩焊接，所以造成焊接打底时仍然出现多处缺陷。

4）作业环境原因

由于现场维修空间狭窄，温度高、湿度大，并且焊工由于经常出汗，用手擦汗后又用手直接拿焊丝施焊，这对焊接质量都有一定的影响。

5）技术方案原因

由于以前没有出现过这种缺陷，所以对于该缺陷的处理双方都比较谨慎，方案要经过不断的讨论修改再确定，但是俄方在现场对于方案中规定的内容随意性较大，多次出现随时修改，造成方案的不确定性，执行也比较麻烦。

结论：在以后出现类似缺陷时，要充分考虑并确定维修工艺方案，增加焊缝质量的检验手段，同时不再进行补焊的方式，而直接更换半管。

4.1.2 泄漏监测管焊缝裂纹及管线裂纹缺陷

蒸汽发生器壳体外部冷热端附近均有泄漏监测管管嘴，通过管嘴焊接和 JET 泄漏监测系统管线连接。在历次大修期间对一次侧泄漏监测管进行打压试验时，均发现外部管线在靠近管嘴焊缝部位有裂纹缺陷。裂纹产生的部位有时在远离焊缝的管线上，有时在焊缝处。缺陷照片如图 4-1-4 所示。

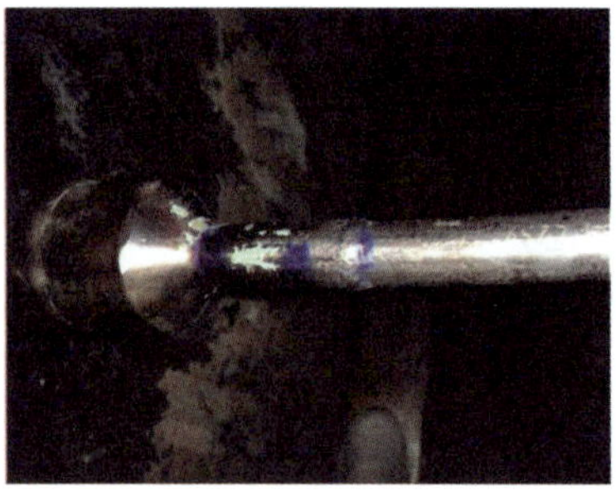

图 4-1-4 泄漏监测管接头管线缺陷

（1）原因分析

从现场缺陷实际情况及泄漏监测管的部位来看，裂纹缺陷并不是因为焊接、材料等问题造成，而是在大修期间蒸汽发生器外部壳体保温拆卸人员的踩踏，导致管线悬空部位或者受踩踏应力集中部位金属材料损伤开裂。泄漏检测管材质为 08X18H10T，规格为 ϕ14 mm×2 mm。

（2）缺陷处理

2008 年 5 月 28 日，T201 大修期间，2JEA40AC001 冷端一次侧泄漏监测管管嘴部位发现裂纹缺陷。缺陷维修过程如下：

1）向泄漏监测管内充注一定压力的氮气，工作人员沿外部管线喷涂检漏液进行缺陷查找并标识缺陷位置。

2）使用角向磨光机沿缺陷部位切割管嘴部位管段，根据实际测量结果保留尺寸为 9 mm(±0.5 mm 偏差)。

3）管嘴接头和监测管按照图 4-1-5 打磨焊接坡口。

4）焊接前对管接头和监测管接头坡口进行 PT（液体渗透检查），在坡口部位不得有缺陷显示。

5）检查合格后，管嘴接头和监测管接头按图 4-1-6 进行装配并焊接。

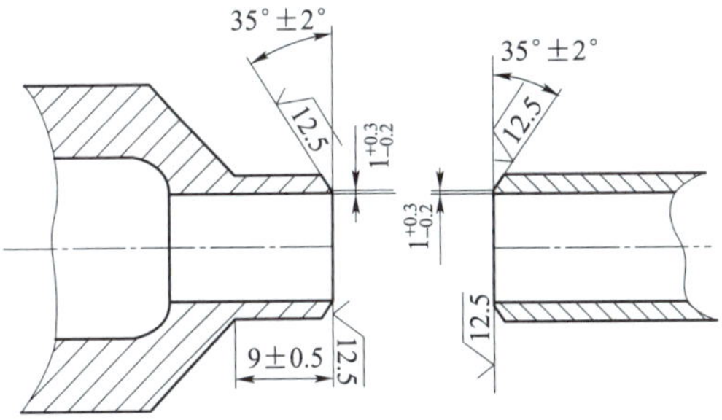

图 4-1-5 管嘴接头和监测管坡口打磨要求

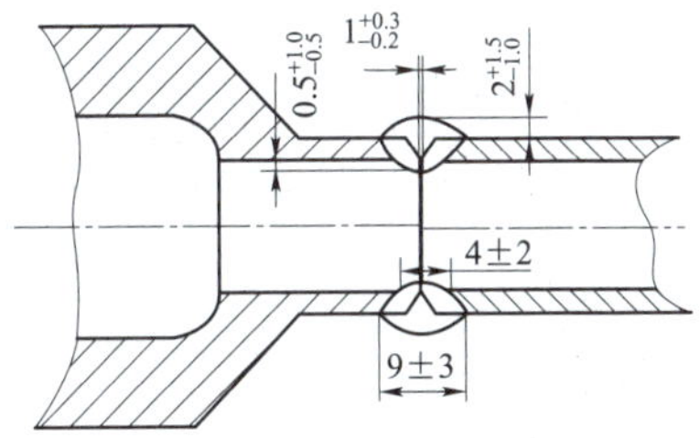

图 4-1-6 管嘴接头和监测管对接焊接要求

焊接时要进行氩气保护，焊材需要复验合格。打底层和焊缝坡口填焊采用手工氩弧焊，焊丝 CB-04X19H11M3，ϕ1.2～1.6 mm，负极，直流，焊条钨极直径 ϕ1.6～3.0 mm，电流 60～90 A，氩气流量 8～10 L/min。每层焊道完成后，停止工作，至金属温度冷却到 100 ℃以下，不需要焊前预热和焊后热处理。

6）焊接后焊缝检验标准按 ПНАЭГ-7-010-89 Ⅱa 级。

VT（目视检查）100%；PT（液体渗透检查）100%；RT（射线检查）100%。

4.2 ПГВ-1000М型蒸汽发生器一次侧密封面缺陷处理

蒸汽发生器一次侧密封面包含集流管法兰密封凹槽密封面和一次侧集流管顶盖密封面。密封面是蒸汽发生器最重要的压力边界也是最容易发生泄漏的部位，密封面状态的好坏直接影响到机组一回路边界的密闭性。因此对于密封面每次解体后都要非常小心地进行防护，防止意外磕碰，同时要由专业的在役检查人员对密封面进行 VT（目视检查）、PT（液体渗透检查），最后对发现的缺陷根据专门制定的方案进行维修。

4.2.1 案例 1

2009 年 3 月 13 日，T102 大修期间，对 3 号蒸汽发生器冷端一次侧顶盖密封面进行在役检查时，发现密封面有 2 处线性显示，其中最长 4.5 mm。缺陷照片如图 4-2-1 所示。

图 4-2-1 密封面 PT（液体渗透检查）显示缺陷

根据初步方案，采用机械打磨方式对有显示部位进行打磨处理，打磨时用薄铜片对打磨缺陷周围密封面作好防护措施。打磨验收标准为 PT（液体渗透检查）无显示。根据维修手册要求，若打磨深度小于 0.5 mm，则平滑过渡后原样接收，若打磨深度大于 0.5 mm，则需要根据情况制定补焊方案。

2009 年 3 月 16 日，维修人员对缺陷部位进行打磨后，其中一个显示部位打磨深度已经超过 0.5 mm，但 PT(液体渗透检查)仍然有显示。中俄双方技术人员决定继续打磨，当打磨深度达到 1.5 mm 时，维修人员发现在堆焊层内部有一个 5 mm 长的气孔(见图 4-2-2)，为了彻底消除缺陷，决定继续沿气孔方向向下打磨直到 PT(液体渗透检查)无显示，最终打磨区域为深约 15 mm、长约 49 mm 的椭圆形形貌(见图 4-2-2)。

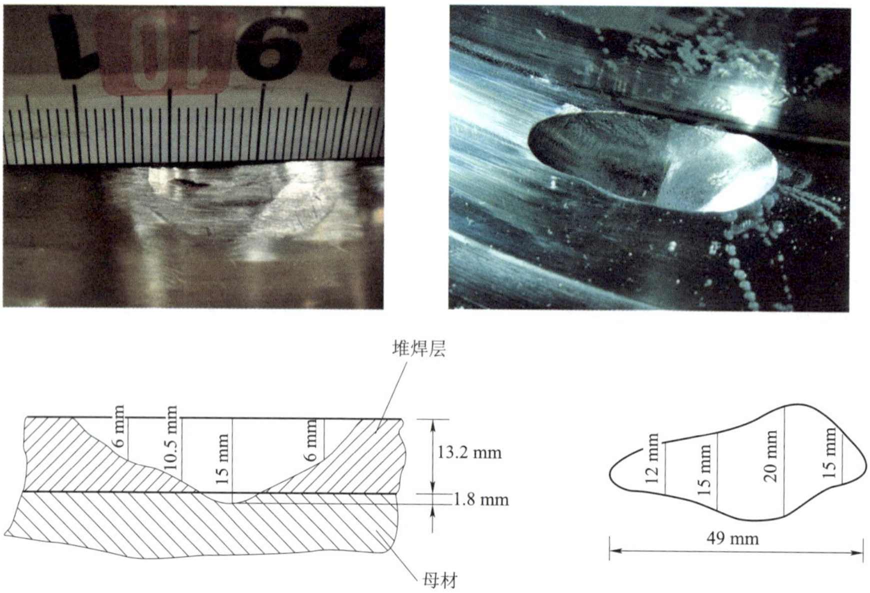

图 4-2-2　3 号蒸汽发生器冷端一次侧顶盖密封面缺陷及打磨后示意图

根据厂家图纸及工艺文件说明，一次侧集流管顶盖母材为 10ГН2МФА。密封面由 2 层不锈钢堆焊层组成：第一层(底层)使用的材料为 СВ-07Х25Н13，第二层(表面层)使用的材料为 СВ-04Х20Н10Г2Б。2 层堆焊层名义厚度为 8 mm，底层名义厚度为 3 mm，根据厂家代表反馈，工厂制造时的实际堆焊层厚度远大于名义厚度。为确定打磨深度是否伤及母材，根据俄方厂家要求对打磨部位进行酸蚀检查，以便确定补焊工艺方案。最终酸蚀检查结果显示，打磨已经伤及母材深度约 1.8 mm，堆焊层总厚度约 13.2 mm，由于酸蚀检查只能分辨铁素体材料和奥氏体材料的接合边界，因此无法分别确认 2 层堆焊层的实际厚度。打磨后缺陷部位酸蚀检查照片见图 4-2-3。

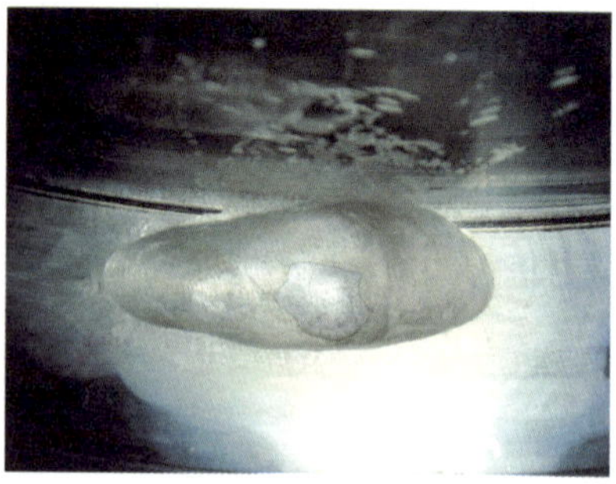

图 4-2-3　打磨后缺陷部位酸蚀检查照片

2009 年 3 月 20 日，根据上述最终打磨检查结果和俄方厂家给出的修复方案，执行如下维修步骤：

1) 通过测量最终刨挖的凹坑形态，确定采用 2 层分别堆焊的方式修补凹坑部位。

2) 目视检查(采用 4～7 倍的放大镜)和液体渗透检查刨挖处以及毗邻区域，宽度不得小于 20 mm。

3）通过测量描图确定堆焊第一层的实际尺寸。

4）在采用手工电弧焊补焊刨挖部位前，采用防飞溅覆盖防腐堆焊层表面，半径为150～200 mm。

5）在补焊刨挖部位之前，冲洗并用酒精或白节油去油脂。

6）恢复刨挖部位的第一堆焊层。堆焊时，应该采用第一层熔化金属填覆母材，保证厚度不得小于3 mm，为此堆焊的第一层边缘应该距离Д表面[(h－3)±1]mm，见图4-2-4。

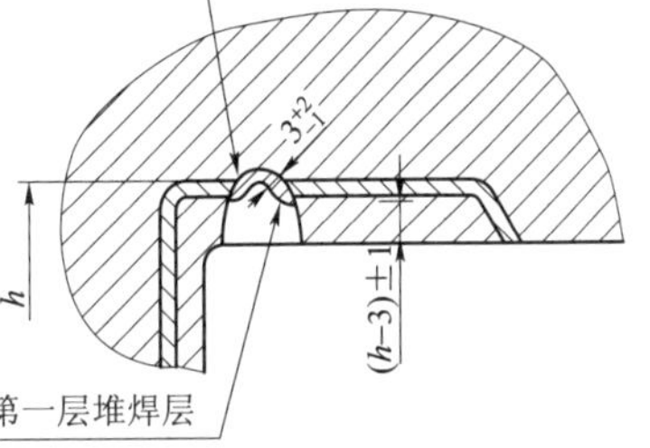

图4-2-4 第一层堆焊示意图

可以采用下述任何一种方法进行第一层堆焊：

① 采用敷盖焊条ЗИО-8或者ЦЛ-25/1 D＝3 mm进行手工弧焊，工况见表4-2-1。

表4-2-1 采用敷盖焊条进行手工弧焊的堆焊工况

焊条牌号	焊条直径/mm	电流/A(直流电，反极)
		焊接方式：平焊
ЗИО-8	3	70～90
ЦЛ-25/1	3	70～90
ЦТ-24	3	70～90
	4	100～130

② 采用非熔焊条及添加焊丝Св-07Х25Н13 D＝1.2～1.6 mm进行手工氩弧焊，工况见表4-2-2。钨焊条直径D＝2～3 mm。

表4-2-2 采用非熔焊条及添加焊丝进行手工氩弧焊的堆焊工况

焊条牌号	钨焊条直径/mm	焊丝直径/mm	焊接方式		
			电流/A(直流，正极)	弧电压/V	氩气流量/(L/h)
Св-07Х25Н13	2.0～3.0	1.2	80～90	8～14	450～600
Св-08Х14Н8С3Б	—	1.6	90～100	8～14	—

为了减小熔穿，建议采用手工弧焊堆焊第一层。根据3.6РТД2730.300.02—91，在堆焊第一层时允许不预热。

7）第1层堆焊完毕后，对堆焊表面进行抛光打磨，检查该堆焊层。

8）进行第1层堆焊的目视检查及测量检查：

① 第1层堆焊厚度为3^{+2}_{-1} mm。

② 厚度的检查通过折算第1层堆焊进行前后尺寸的方法进行。

③ 评价标准为图纸1203.40.04.200СБ的要求。

9）第1层堆焊层经检查合格后，进行第2层堆焊直至填充满打磨凹坑(如图4-2-5所示)。

堆焊用下述任一方法进行：

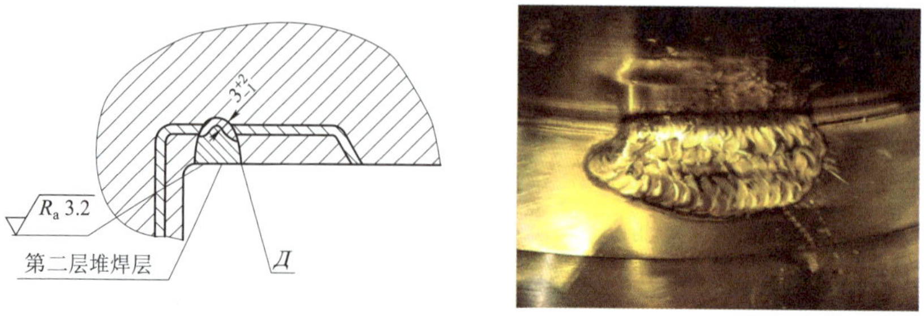

图 4-2-5 第二层堆焊示意图和焊接后照片

① 手工弧焊，电焊条 ЦТ-24 D=3 mm 或 4 mm。

② 氩弧焊，焊丝 Св-08Х14НС3Б(D=1.2～1.6 mm)。电焊条直径 D=2～3 mm。

10）填充焊遵循下述要求：

① 堆焊要由具有 ПНАЭГ-3-009—89《核动力装置焊接》资质及焊工证明的人员进行。

② 焊接材料应符合供货技术条件及标准、ПНАЭГ-7-009—89 第 2 节和 ПНАЭГ-7-010—89 第 6 节的要求。

焊接材料(堆焊金属)应在原始状态下进行试验，范围为规定的要求(化学成分、+20 ℃及+350 ℃时机械性能、铁素体含量、晶间腐蚀，焊条还要做热裂纹耐受性试验)。

用 ЗИО-8 焊条时堆焊金属的铁素体含量应不少于 4%。

③ 为防止熔化，填充焊要用最小热力。

④ 堆焊要窄焊道。手工弧焊焊道宽度不应超过焊条直径的 3 倍。下一焊道覆盖前一焊道不少于 1/3 宽度。焊道高度不超过焊条直径 1 mm。

⑤ 堆焊第二层和以下各层，要同时进行冷却。依次堆焊每层焊道前，熔敷金属表面温度不应超过 100 ℃。

⑥ 堆焊第一层和以下各层过程中，对每层焊道和每层堆焊要使用 4～7 倍的放大镜进行目视检查。评定标准按图纸 1203.40.04.200СБ 的要求。

11）打磨堆焊修补处，以便进行检验，如图 4-2-6 所示。

图 4-2-6 补焊打磨后密封面

12）对修补处及其周边宽度不小于 20 mm 区域进行下列检验：

① 目视检查(使用 4～7 倍的放大镜)。

② 液体渗透检查。检验范围为 100%；评定标准按图纸 1203.40.04.200СБ 的要求：在检查密封面区域不允许有尺寸大于 0.5 mm 的缺陷显示；在检查密封面区域任意 100 mm 区域内最多允许有 5 个尺寸小于 0.5 mm 的线性缺陷显示；长度超过 1.5 mm 的线性显示也不允许存在。

③ 堆焊与母材的熔化区进行超声波检验。检验范围为 100%；评定标准按 ПН АЭГ-7-010—89 的要求。

2009 年 3 月 22 日，维修人员根据上述维修工艺方案，最终完成了 1JEA30AC001 冷端集流管顶盖密封面的缺陷维修工作，且对补焊部位进行了相关检验，结果全部合格。同时，俄方厂家根据缺陷及修复情况，对顶盖进行了强度计算和安全性评价，修复后顶盖满足正常安全使用要求。在 2011 年 T104 大修时，维修人员和在役检查人员对修复部位进行跟踪检查，结果正常。

4.2.2 案例 2

2010 年 6 月 5 日，T203 大修期间，对 2JEA40AC001 热端一次侧顶盖进行在役检查时，PT(液体渗透检查)发现在距顶盖内圈密封面堆焊层约 6 mm 的堆焊层有一个直径约 2 mm 的缺陷显示(见图 4-2-7)。

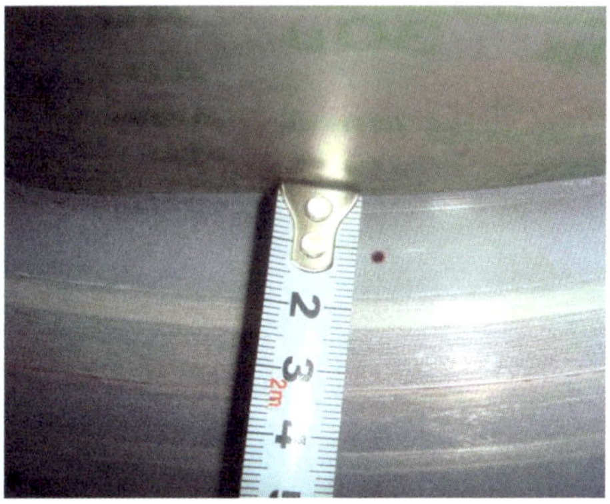

图 4-2-7 密封面液体渗透检查缺陷

俄方厂家代表和维修处技术人员针对该缺陷制定了相应的打磨处理方案。6 月 6 日开始对该处缺陷显示进行机械打磨处理，每打磨深度 0.1 mm 进行一次液体渗透检查，最终在打磨到深度约为 0.93 mm，直径约 6.3 mm 的圆形区域后液体渗透检查缺陷显示消除。打磨后缺陷距离顶盖内圈密封面约 4 mm。打磨后照片及示意图见图 4-2-8 及图 4-2-9。

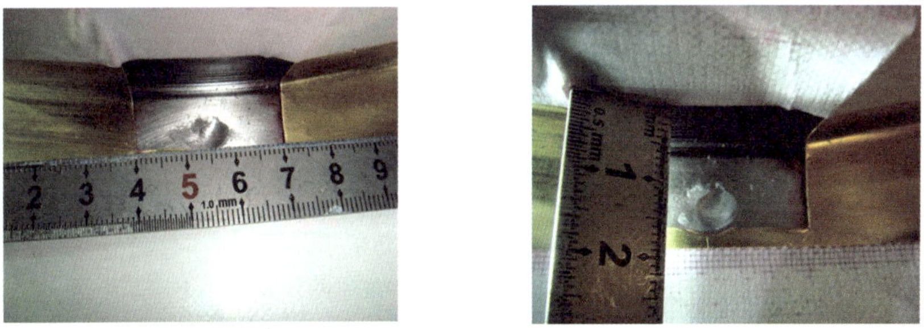

图 4-2-8 密封面缺陷打磨后照片及示意图(一)

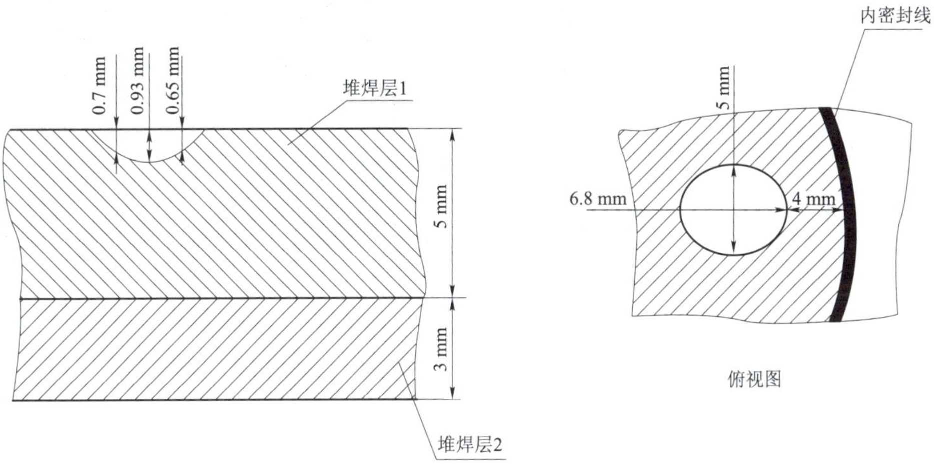

图 4-2-9 密封面缺陷打磨后照片及示意图(二)

经过测量，打磨后最大深度 0.9 mm 仅为堆焊层理论厚度的八分之一，最大宽度为 5 mm，长度为 6.8 mm，且打磨区离一次侧顶盖内环密封线还有 4 mm 的距离。由于打磨部位距离内密封线距离较近，如果进行补焊修复工作可能会使补焊修复区域扩大至密封区内，打磨区域没有超出第二层防腐堆焊层的范围，不影响蒸汽发生器冷却剂集流管法兰接合面的密封质量。最终根据俄方厂家建议和实际情况，认为可以允许顶盖继续使用，无须进行补焊。

4.2.3 总结

对于密封面的缺陷，通常需要根据缺陷的位置、大小等因素综合判断是否需要维修及如何维修。对于需要进行补焊修复的密封面，需要根据打磨深度及辅助检查措施来判断进行何种堆焊工艺要求，因此需要维修人员在实际工作中积累维修经验。

4.3 ПГВ-1000М 型蒸汽发生器二次侧密封面缺陷处理

蒸汽发生器二次侧密封面包含二次侧集流管法兰密封凹槽密封面和二次侧集流管顶盖密封面，是蒸汽发生器最重要的二回路压力边界之一，密封面状态的好坏直接影响到设备二回路边界的密闭性。因此对于密封面，每次解体后都要非常小心地进行防护，防止意外磕碰，同时要由专业的在役检查人员对密封面进行目视、液体渗透检查，最后对发现的缺陷根据专门制定的方案进行维修。

2011 年 3 月 16 日，在 T104 大修期间，维修人员和在役检查人员对 1JEA30AC001 冷端二次侧顶盖密封面进行检查时，发现在 2 道密封线之间的密封面上有一个渗透显示点（见图 4-3-1）。随后维修人员使用砂纸对该显示部位进行手工打磨时发现，该显示点部位逐渐扩大且在堆焊层中有夹渣颗粒，将夹渣颗粒取出后缺陷凹坑呈长 2 mm、宽 1 mm、深 0.2 mm 不规则形状（见图 4-3-2）。随后继续对该部位进行机械挖刨和打磨作业，直至液体渗透检查无显示。最终缺陷为直径约 10 mm、深 7.3 mm 的椭圆凹坑（见图 4-3-3 及图 4-3-4）。

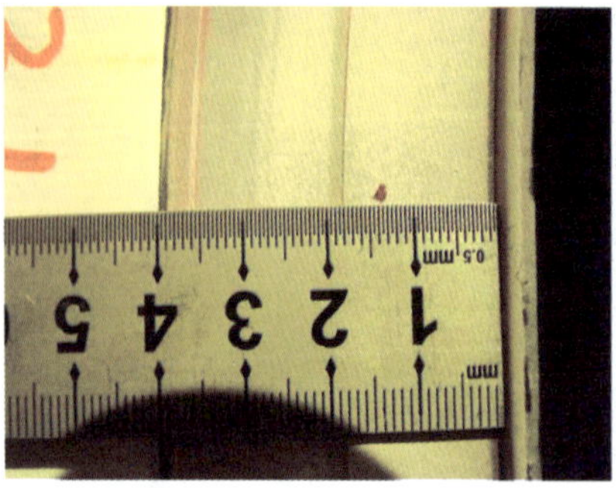

图 4-3-1 密封面 PT（液体渗透检查）缺陷显示

图 4-3-2 密封面缺陷 VT（目视检查）

查阅二次侧顶盖图纸 1203.40.02.300СБ 和二次侧顶盖合格证 1203.40.02.300ПС，均无法明确查出二次侧顶盖在工厂制造期间密封面堆焊层的确切厚度，从工厂查询的结果为：原则上 2 层堆焊层名义厚度为 9 mm，第二层（表层）堆焊层名义厚度为 4 mm。为确认缺陷部位的挖刨工作是否已经到达基体母材，需要对缺陷部位进行酸蚀检验。

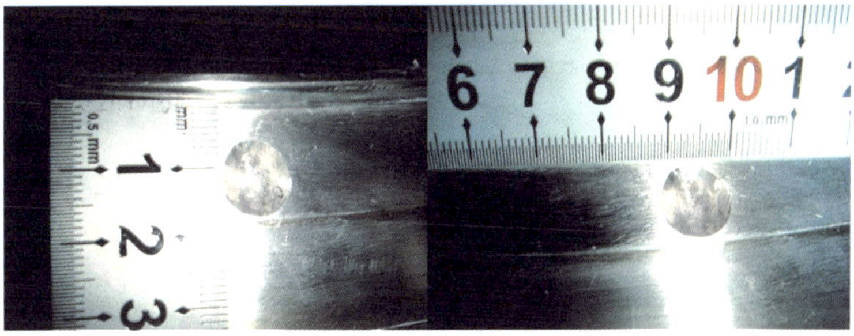

图 4-3-3　密封面缺陷打磨后照片

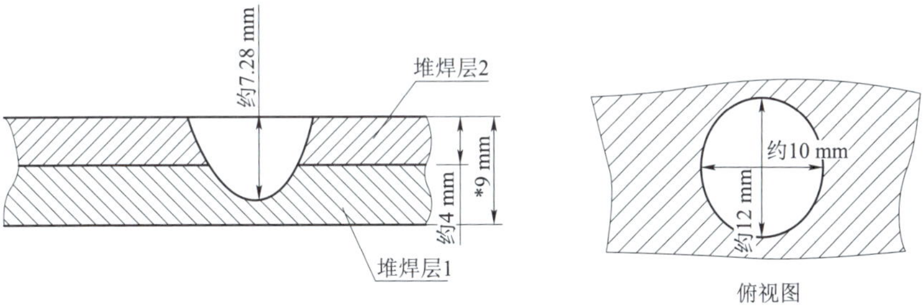

图 4-3-4　密封面缺陷打磨后示意图

2011 年 3 月 28 日，委托国核电站运行技术服务公司专业人员对缺陷部位进行酸蚀刻检验，鉴别缺陷打磨处是否挖到铁素体＋珠光体型基体材料以及奥氏体堆焊层。

检验步骤如下：

1）对该缺陷消除坑四周进行预磨、细磨和抛光（抛光呈镜面状态，见图 4-3-5）。

2）用医用酒精和去离子水进行表面清洗，自然晾干。

3）用 $FeCl_3$ 试剂进行擦拭，擦拭时间为 15～20 s。

4）再用医用酒精和去离子水进行清洗，自然晾干。

5）随后用铁素体型镊子与试验对象进行对比。铁素体材料呈灰黑色，奥氏体材料则呈银白色，颜色上有很大区别，符合甄别要求。

6）对蚀刻形成的表面状态进行目视观察并分析，蚀刻试验结果显示该密封盖在缺陷挖坑内显示不锈钢奥氏体有两层堆焊状态熔合线，未发现铁素体＋珠光体基体层形貌（见图 4-3-6）。

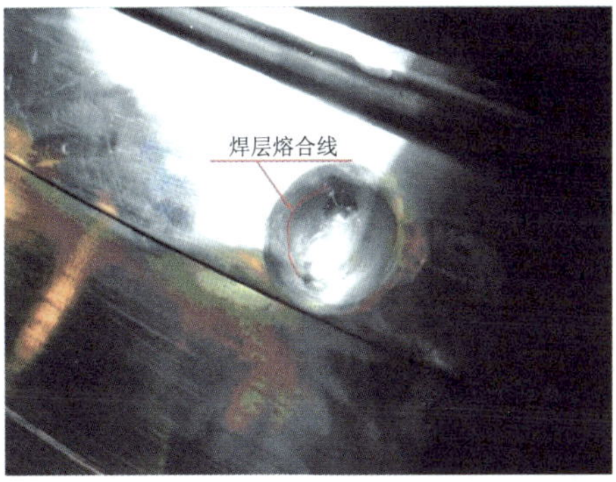

图 4-3-5　打磨后缺陷部位抛光

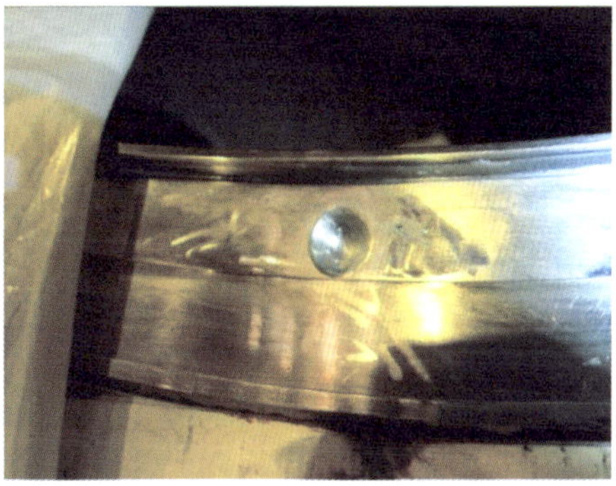

图 4-3-6　抛光后缺陷部位酸蚀检查

检验结论：缺陷挖补处未发现铁素体+珠光体基体形貌，显示的奥氏体堆焊层为两层，目视可见焊层熔合线，说明缺陷挖刨未达到基体母材。

2011年3月29日，根据上述检查结果，维修人员根据俄方设备厂家提交的最终维修文件对挖补部位实施补焊维修，具体工艺如下：

1）对挖刨后缺陷部位的开口处进行打磨圆滑过渡，侧面坡口的斜切角为10°～15°，挖刨部位底部的过渡半径不小于3 mm。

2）对挖刨部位及其相邻区域宽度不小于20 mm处进行目视（采用4～7倍的放大镜）、测量和渗透检查，确认无其他缺陷显示。

3）在堆焊前，应采用丙酮或酒精对挖削部位进行冲洗和去脂。

4）由于挖刨深度已经超过第二层堆焊层（表层），到达第一层堆焊层（底层），因此补焊分2层堆焊进行。

5）堆焊恢复挖刨部位的第一层堆焊至3+2 mm的厚度（剩余深度约4 mm）。

第一层的堆焊采用氩弧焊、不熔化电极配以填充焊丝Св-07Х25Н13来施焊，无需加热。

填充焊丝的直径为$D=1.2\sim1.6$ mm。直流电，正极性。钨极的直径为$D=2\sim3$ mm，堆焊工况见表4-3-1。

表4-3-1 采用不熔化电极的手工氩弧堆焊工况

焊丝牌号	钨极直径/mm	填充焊丝直径/mm	焊接工况		
			电流/A	弧压/V	氩气流量/(L/h)
Св-07Х25Н13	2.0～3.0	1.2	80～90	8～14	450～600
Св-04Х20Н10Г2Б Св-08Х19Н10Г2Б Св-04Х19Н11М3	2.0～3.0	1.6	90～100	8～14	

6）第一层堆焊完毕后使用砂纸对堆焊部位进行打磨，并进行目视、测量和渗透检查。

目测检验时不允许有规格为0.5 mm的裂纹和单个的夹杂物。允许在任何100 mm表面上，规格为0.5 mm和不大于5个数量夹杂物。在渗透检验时不允许有加长的显示痕迹，同时，带有最大线性尺寸的圆形的显示痕迹大于1.5 mm。堆焊的第1层厚度3+2 mm，厚度检查通过第一层堆焊完成前后的尺寸换算进行。渗透检验根据ПНАЭГ-7-018-89进行，灵敏度为Ⅱ级。

7）检验合格后，进行第二层堆焊至挖削范围填满，并留有不大于2 mm的打磨裕量。使用氩弧焊、非熔化电极并添加焊丝Св-04Х20Н10Г2Б进行堆焊。添加焊丝的直径$D=1.2\sim1.6$ mm。直流电，正接极。含钨焊条直径$D=2\sim3$ mm。

8）堆焊要遵守以下要求：

① 堆焊应当由根据ПН АЭГ-7-003-89《核动力装置管道和设备焊工评定规定》评定的具有规定的执照的有资格的电焊工完成。

② 在执行焊接工作前，焊工应当熟悉本工艺说明。

③ 消缺时使用的焊材应当符合ПН АЭГ-7-003-89《总则》第2章和ПН АЭГ-7-003-89《检查标准》第6章、供货标准或技术条件要求。

④ 焊材（熔焊金属）应当在设计文件要求规定的范围内进行原始状态试验。

⑤ 为了减少熔化，使用最小热量进行堆焊。

⑥ 用窄焊道进行堆焊。焊道宽度应当在2～3个焊条（Dэл）的直径范围内。焊道的高

度不大于 Dэл+1 mm。每条后续焊道与上一条焊道重叠应当不小于其宽度的 1/3。

⑦ 从 1 层向另外一层过渡时挖削处的堆焊方向变成相反的。第二层及以后各层的堆焊需要冷却，下一焊道开始前堆焊表面温度不应超过 100 ℃。堆焊过程中用 4～7 倍放大镜对每一焊道及焊层进行目视检查。

9）对堆焊部位进行机械打磨，在规定的限制的扇面范围内（10 mm×290 mm）*H* 和 *M* 密封面平面度的偏差不大于 0.1 mm（见图 4-3-7），允许不恢复（0.4±0.1）mm 的突出部，保证由密封面一侧向另一侧匀称地过渡。

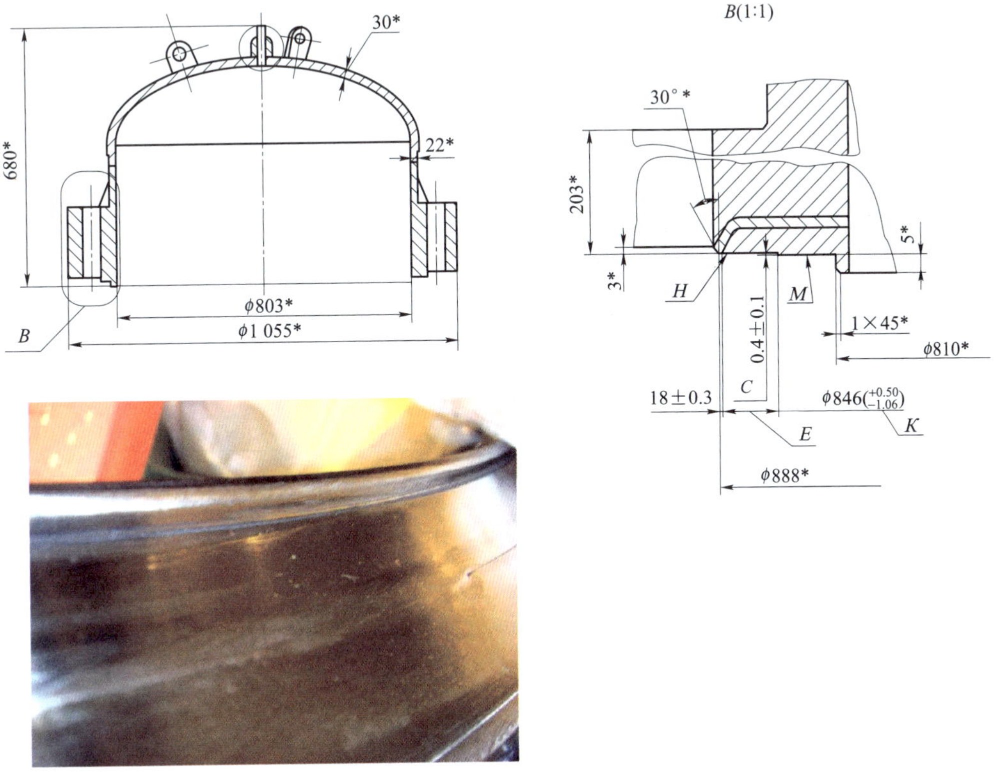

图 4-3-7　二次侧顶盖密封面局部视图及密封面打磨后照片

10）对打磨完毕的修补部位进行最终目视和渗透检验。具体要求同 6）。

4.4 ΠΓB-1000M 型蒸汽发生器二次侧水上均汽板裂纹缺陷处理

4.4.1 缺陷描述

2009 年 3 月 1 日 T102 大修期间和 2009 年 5 月 19 日 T202 大修期间，对蒸汽发生器二次侧内部进行检查时，发现 2 台机组的 4 台蒸汽发生器二次侧上部水上均汽板四角支承格架与拉筋连接处焊缝均有裂纹（见图 4-4-1）。

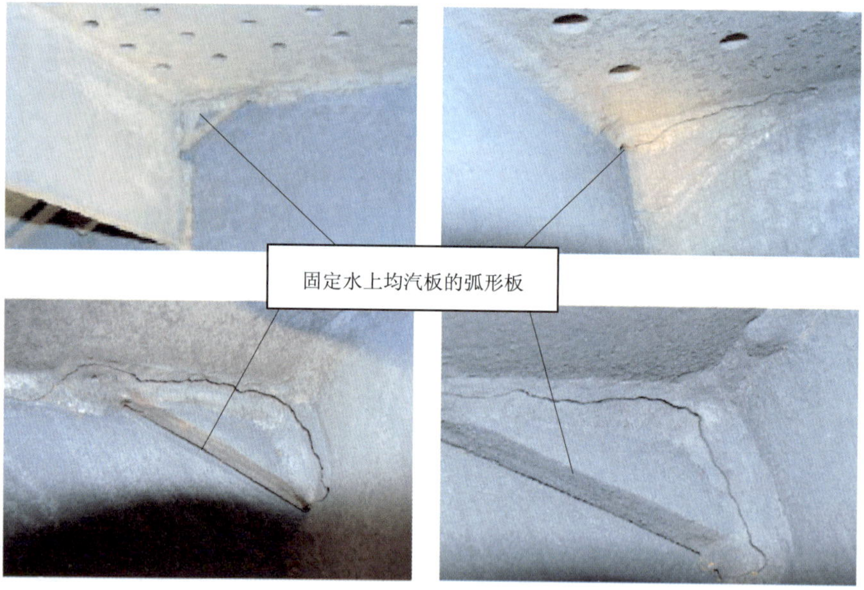

图 4-4-1　水上均汽板四角支承格架与拉筋连接处焊缝裂纹缺陷

4.4.2　缺陷分析

(1) 裂纹焊缝处结构分析

发现焊缝裂纹后，经过现场观察和查阅蒸汽发生器水上均汽板相关安装图纸(见图 4-4-2)，可以确认焊缝开裂处的三角形筋板并不是一个单独小封堵板，而是为固定水上均汽板而焊接在筒体上的整条弧形板，整个水上均汽板是通过螺栓与弧形板相连接的，由于弧形板安装时在水上均汽板连接板的内侧，在均汽板安装时部分切入了均汽板格架四角，形成了如图 4-4-1 所示的形态。

(2) 焊接必要性分析

通过结构观察和分析，可以确认开裂处焊缝是筒体上的弧形板与水上均汽板格架的焊缝。蒸汽发生器水上均汽板是通过螺栓与筒体上弧形板连接的，开裂处的焊缝既不影响水上均汽板的固定可靠性，也不影响蒸汽发生器的完整性和整体性能，从结构上是不需要焊接的，焊接很可能只是出于美观或减少蒸汽从该处通过的考虑。T102 大修中对均汽板焊缝缺陷处理，厂方代表给出的方案是打磨后补焊。但大修后俄方信函 JDAL-M-14262-JCAL 中设计院认为补焊是不必要的，在 T202 大修期间，俄方通过信函 JDAL-M-14355-JCAL 再次重申了这一观点。缺陷部位的焊缝，即使在打磨补焊后，运行中再次开裂的可能性也很大。最终分析认为该部位的焊接在结构上是不必要的。

(3) 缺陷影响分析

蒸汽发生器二次侧上部水上均汽板四角支承格架与拉筋连接处焊缝出现裂纹，既不影响水上均汽板固定的可靠性，也不影响蒸汽发生器的完整性，对蒸汽发生器整体功能无影响，但需要考虑原焊接部位焊缝不能进一步扩展影响到固定弧板和筒体。

(4) 焊缝产生裂纹原因分析

1) 弧形板是直接焊接在蒸汽发生器筒体上的，均汽板格架与均汽板焊接为一体，两者

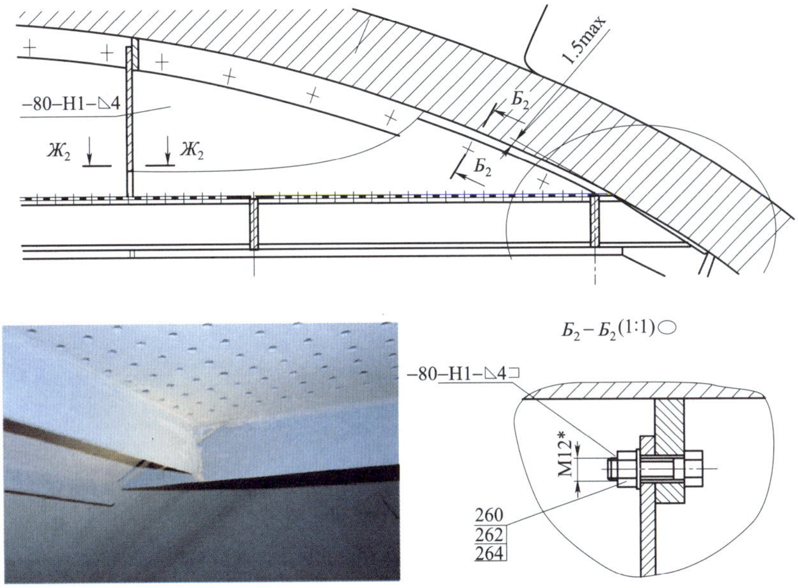

图 4-4-2 均汽板安装图

通过螺栓固定连接在一起来固定水上均汽板。在安装时弧形板部分切入了均汽板格架四角，切入处弧形板与均汽板格架焊接后，由于两者的刚性、振动特性和热胀冷缩特性有差异，而焊缝本身较小，在设备运行中导致开裂。

2）这种顶角处的焊接，往往会形成较大的应力集中，在运行中易于产生开裂现象。

3）水上均汽板实际上是通过螺栓与弧形板来固定的，开裂处的焊缝没有固定作用，由于是非承压内件，工厂在焊接上并没有给予重视，对该部位的焊接要求也不明确（在厂方提供的随机资料中，未找到该位置焊接方面的要求和资料）。

根据俄方信函 JDAL-M-14262-JCAL 和信函 JDAL-M-14355-JCAL，根本原因是设备制造时对不需要焊接的部位进行了焊接。

4.4.3 缺陷处理

通过原因分析，维修技术人员和俄方厂家代表确定了最终处理方案，在焊缝裂纹部位使用钢磨头人工打磨出止裂孔（见图 4-4-3），防止裂纹扩展对弧板和筒体焊缝产生影响，同时确定不再对打磨部位进行焊接或其他处理。

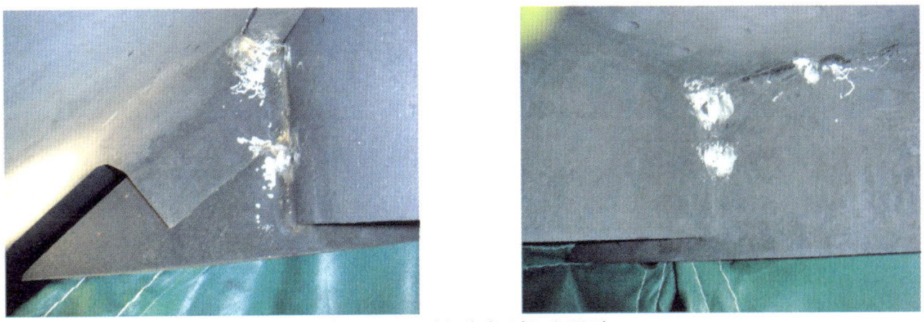

图 4-4-3 缺陷打磨后照片

4.4.4 结论

蒸汽发生器二次侧上部水上均汽板四角支承格架与拉筋连接处焊缝出现裂纹，是由于焊接处存在较大应力，相互焊接的两部件特性差异较大形成的。该裂纹不影响水上均汽板固定的可靠性，也不会影响蒸汽发生器的完整性和整体的性能，不会对设备运行及设备完整性造成影响。针对开裂焊缝的情况，该开裂焊缝不需要再进行补焊，但为跟踪观察开裂焊缝对水上均汽板格架本体的影响，需将该部位焊缝的检查列入蒸汽发生器役检项目，在大修时进行检查跟踪。

复习思考题

1. 如何查找判断泄漏监测管的缺陷？
2. 如何处理泄漏监测管的缺陷？
3. 打磨一、二回路法兰密封面缺陷时需要注意哪些事项？
4. 密封面缺陷目视检查的基本标准是什么？
5. 如何判断密封面缺陷打磨后是否需要补焊，焊材依据什么来选择？
6. 维修密封面缺陷时如何作现场准备(包括场地、工器具等)？